成為頂尖網紅創作者的成功經營法則

流量密碼解密

王先明，陳建英 著

解鎖網紅經濟中的成功祕訣，
在自媒體時代打造你的商業帝國

解析網紅經濟的起源、發展以及對傳統商業格局的顛覆

社群粉絲效應下的行銷新思維
從品牌打造到內容創作，掌握每個成功步驟
多種變現策略，實現盈利目標
看懂隱藏在社群裡的商業智慧

目錄

前言

第一章　網紅經濟新紀元：自媒體時代的商業轉型

1.1
網紅經濟：新時代的商業紅利 012

1.2
粉絲經濟，該如何理解網紅現象 027

1.3
重新定義網紅：具備強大「吸睛」與「吸金」能力的群體 036

1.4
網紅經濟的前景：可持續發展的網紅模式 045

第二章　深度解析網紅經濟背後的商業模式與產業鏈

2.1
頂層設計：網紅經濟產業鏈的營運發展藍圖 060

2.2
商業模式創新：網紅經濟驅動下的變革 076

2.3
網紅培訓：生產線運作模式背後的經濟體系 089

目 錄

第三章　網紅變現：多元化盈利通路的打造

3.1
影片變現：線上直播成為網紅掘金的主戰場 100

3.2
流量變現：紅利時代的網紅盈利法則 111

3.3
粉絲變現：提升粉絲購買力，釋放網紅經濟潛藏的能量 121

第四章　網紅電商：新型電商模式的崛起與發展

4.1
電商網紅：融合經濟與電商的營運之道 132

4.2
社群電商：運用網紅思維拓展市場 140

4.3
互利互惠的共贏模式：社群時代下的部落客網紅 157

第五章　網紅行銷：社群粉絲效應下的行銷新思維

5.1
行銷革新：網紅行銷學的核心理念 168

5.2
品牌推廣：網紅如何打造與宣傳自己的品牌 182

第六章　企業轉型：打造企業專屬的網紅經濟

6.1
建構網紅模式：企業如何在社群經濟時代下進行轉型　192

6.2
快速發展：傳統品牌該如何坐上網紅經濟快車　199

第七章　超級 IP 養成：像打造產品一樣打造網紅

7.1
網紅經濟迅速發展背後的原因　216

7.2
自我修養：成為超級網紅的關鍵　219

7.3
個人 IP：網紅在線上直播時代的成長之路　226

目 錄

前言

2016 年初，一個現象級事件使得「網紅經濟」一詞爆紅。

從 2015 年 10 月開始，一個網名為「小 p」的女孩陸續在國外社群平臺上發布了一系列原創搞笑短影片，僅僅用了半年的時間就獲得了 600 萬關注者。截至 2016 年 4 月，小 p 的粉絲數已經接近 1,300 萬。

2016 年 3 月，加冕「2016 年度第一網紅」的小 p 獲得了基金公司、資本公司共計 5,000 萬元的投資，並獲得億元級別的高額估值。

2016 年 4 月 21 日，小 p 首則廣告以 2,200 萬元的高價被一化妝品公司拍得。

2016 年 4 月 25 日，小 p 的內容品牌頻道開始公開招聘。

一直以來，業內外人士對於「網紅」一詞的理解褒貶不一，但不可否認的是，以小 p 為代表的網紅族群已經展現出了強大的流量優勢，成功結合了產業與資本市場，引起了越來越多的創業者、企業管理者以及投資人的重視。

雖然網紅經濟 2015 年才開始崛起，但「網紅」在亞洲已經有 20 多年的進化史，並大體可以被劃分為 3 個階段，即以網路寫手為代表的 1.0 時期，以草根紅人為代表的 2.0 時期，以知名 ID、電商模特兒、視訊主播等為代表的 3.0 時期。從 1.0 過渡到 3.0，網紅的產業化形式由單兵作戰升級到了團隊協作。網紅經濟的規模在不斷發展壯大的同時，也催生了許多網紅培訓創業公司。

在網紅經濟 3.0 時代，網紅整體產業鏈已經形成了各流程有序協同配合、包產銷一體化的網紅經濟運作模式，主要的參與主體包括：各大社群媒體平臺、網紅、網紅培訓公司、品牌商、供應商、電商平臺、物流公司、粉絲族群等。

網紅產業的崛起顛覆了傳統受眾接收資訊的習慣，傳統的內容生產方式逐漸被潤物細無聲的方式所取代，並上升到了一個新的高度。網紅已經完成了從「網路紅人」到明星的蛻變，未來明星或將實現「網紅化」，明星將逐漸走進大眾族群，並充分發揮行動網路的作用來提升影響力。

隨著行動網路去中心化時代的到來，網紅族群逐漸成為經濟發展的動力之一。綜觀網紅經濟涉及的領域，主要包括電商平臺、直播平臺、電子競技平臺及醫療美容產業，而絕大多數的網紅也已經透過接拍廣告、開設網路店鋪、粉絲贊助等方式實現了變現。

比如，作為網紅培訓公司的最為成功的一名網紅大奕，其開設的電商店鋪一次次顛覆著電商商家的認知。2014 年在公司的幫助下，大奕開設了電商店鋪；上線不到一年，其店鋪就成為年度銷售冠軍；2015年7月27日，大奕完成了一次新品上架，第一批超過 5,000 件女裝在 2 秒之內就被粉絲搶購一空，所有的新品基本上在 3 天內售完。

根據市調公司發布的一組數據：2015 年，亞洲社群服務商市場的規模為 124.6 億元。從社群服務商市場的規模發展可以看出，亞洲的網紅經濟市場的潛在規模不容忽視，在相關產業及資本的支持下，有望在短期內迎來爆發式的增長。

從本質上來看，網紅經濟 3.0 其實是粉絲經濟的全新形式，是一種眼球經濟和注意力經濟。網紅經濟模式充分迎合了網路新常態下用戶的個性化訴求和快時尚消費心理，在前端精準感知和引導用戶需求的同時，後端則快速連接和優化改善供應鏈系統，從而有效解決了供需失衡的痛點，實現了整體產業鏈的簡單、高效運轉，創造出巨大的商業價值。

本書不僅深刻闡述了網紅經濟 3.0 背後的商業模式和產業鏈，而且從網紅變現、網紅電商、網紅行銷等多個角度對網紅經濟進行了全面剖析。比如，如何運用「網紅思維」做社群電商，網紅電商如何利用社群平臺行銷，企業如何構建「網紅經濟」模式等。

正在迅速崛起的網紅經濟，打造出了多元化的盈利通路，催生了眾多新興的產業投資機會，成為行動網路時代的資本新趨勢。在自媒體的發展前景越來越勢不可當的形勢下，了解網紅經濟、學習網紅思維已成為創業者和企業管理者促進企業發展的共識。

第一章
網紅經濟新紀元：
自媒體時代的商業轉型

1.1 網紅經濟：新時代的商業紅利

網紅經濟：顛覆傳統商業格局

網紅即網路紅人，是指由於現實或網路生活中的某個事件或行為，受到廣泛關注而在網路世界走紅的人。這些網路紅人在社群平臺上擁有一批社群粉絲，能夠憑藉自身對粉絲族群的影響力，透過廣告、電商等方式進行社群資產的有效變現。

「網紅經濟」一詞由一名電商集團 CEO 提出，如今已成為一個備受關注的概念和現象。「網紅經濟」是網路對供需兩端的裂變重塑，是藉助因網路病毒式傳播而受到廣泛關注的網紅，以全新的方式使產業價值鏈中的設計商、製造商、銷售者、服務者與消費者高效連接，以此來獲取巨大的商業價值。

當前，社群平臺上擁有數百位網紅，其粉絲總量超過 5,000 萬。透過社群自媒體，網紅在特定領域（服裝、化妝品等）快速引領時尚風潮，然後將獲得粉絲認可和青睞的時尚新品在電商平臺上進行預購、訂製，再高效聯絡工廠的強大生產鏈，從而形成一種具有敏銳感知和快速反應能力的創新性商業模式。

在網路上獲得廣泛關注、善於自我行銷的美女是網紅最主

要和最常見的形式。不過，網紅的範圍卻不止於此。遊戲、動漫、美食、旅遊、教育、攝影等各類垂直領域的網路意見領袖或產業達人，他們在各自的圈子裡都擁有一批支持者，因此也是各自領域中的網紅。

從本質上來看，網紅經濟其實是粉絲經濟的全新形式，是一種眼球經濟和注意力經濟。網紅經濟模式充分迎合了網路新常態下用戶的個性化訴求和快時尚消費心理，在前端精準感知和引導用戶需求的同時，後端則快速連接和優化改善供應鏈系統，從而有效解決供需失衡的痛點，實現了整體產業鏈的簡單、高效運轉，創造出巨大的商業價值。

(1)「網紅」升級爲經濟現象，形成產業鏈精準行銷

在用戶獲取成本逐漸增加的情況下，網紅在 2015 年異軍突起。因其具有平民化、廉價、精準行銷等特點，並展示出巨大的商業價值，受到越來越多的關注和青睞。

一方面，作為意見領袖的網紅，能夠憑藉在特定領域的專業性、權威性，有效引導粉絲族群的消費需求和產品選擇，實現更加精準高效的流量變現；另一方面，網紅擁有一定量的粉絲族群，因此能夠基於自身的影響力在社群自媒體上幫助商家進行快速、成本低廉的行銷推廣。

另外，雖然社群新媒體也能夠幫助商家低成本、快速地獲取用戶，但卻沒有網紅獨特的買手制購物模式。這種買手制購

物模式能夠極大地提升市場行銷的精準度，實現流量的快速變現，並優化重塑垂直電商的產業鏈流程和運作模式。

具體來看，就是網紅充分發揮在專業領域的引導力，敏銳感知和掌握快速變化的時尚潮流，透過自我的形象設計、展示將符合時尚品位的產品推薦給粉絲，引導粉絲的消費偏好和產品選擇，從而降低消費者面對複雜多樣商品時的選擇難度，實現產業鏈的精準行銷，緩解了以往庫存壓力大、資金周轉慢等營運痛點。

(2) 網紅經濟實現低成本行銷新通路

傳統 B2C 電商的中心平臺模式，不僅獲取用戶的成本逐漸攀升，而且搜索品類的繁雜也降低了消費者的購物體驗，甚至很多用戶在面對琳瑯滿目的商品時感覺「無從下手」。在此背景下，網紅卻能夠藉助社群平臺上的龐大流量和訊息的病毒式傳播，幫助商家實現精準行銷，並構建出一種低廉的用戶獲取與產品行銷通路，實現電商交易場所的轉移。

在「網路 +」時代的經濟新常態下，社群化轉型是電商發展的必然趨勢，而網紅經濟模式是社群資產變現的有效方式，能夠充分挖掘出社群化媒介平臺的電商價值。

(3) 網紅經濟化現有營運模式

網紅經濟低廉、快速、精準的用戶獲取能力，大大優化、完善了現有的營運模式。

一方面，網紅經濟降低了線下實體店的營運成本。傳統直營實體門市的營運包括租賃店鋪、僱用店員、推廣品牌或產品以及店鋪的日常維護等內容，由此帶來了租金、傭金、廣告費等各種開支，並且隨著店鋪規模和數量的擴張，這些費用也會不斷地攀升。

另一方面，網紅經濟也提升了線上 B2C 電商模式的營運效率。在電商發展之初，大型平臺是商家獲取流量、進行品牌推廣的最重要通路，並由此推動了 B2C 電商模式的快速崛起。然而，隨著網路消費市場日益成熟，電商集團開始對其累積的大量平臺流量進行變現，平臺對商家收取的費用不斷增加。

根據知名電商集團發布的年度報表，從 2012 年到 2015 年，該集團的廣告服務收入在平臺 GMV（Gross Merchandise Volume，指一段時間內的成交總額）中的占比由 1.2% 快速上升到 2.4%。因此，各品牌商亟需找到更低廉的新引流方式來代替成本不斷攀升的中心平臺模式。下面我們來梳理一下網紅經濟的發展歷程。

網紅的快速興起為品牌商獲取流量、優化營運提供了新的解決方案。網紅在社群平臺上有大量關注者和專業領域內的影響力，這使消費者更容易關注、信任和青睞他們所推薦的產品，從而有效觸發用戶的購買意願，幫助商家更好地實現流量變現。

(4) 網路購物的去中心化趨勢

從本質上來看，網紅經濟其實是商品在社會化媒介平臺上的一種新型行銷模式，體現了新常態下網路購物的去中心化趨勢。

網紅經濟是利用粉絲族群對網紅的追隨和信任，將產品或品牌合理融入網紅的生活與形象展示中，透過網紅有效引導粉絲的購買行為和選擇，達到產品推廣和變現的目的。因此，社群平臺中的內容輸出、產品設計、網紅社群帳號的營運維護、供應鏈管理等要素，對網紅經濟的營運有著重要影響。

與傳統的中心化電商平臺的模式不同，網紅經濟是藉助網紅社群帳號導入流量，透過「吸引——信任——購買」完成社群資產變現。由此，行動社群電商將逐漸成為線上交易的主要場所，網紅社群電商的去中心化購物模式將逐步代替 B2C 中心化平臺式的搜索交易模式。

(5) 知識入口是第四代交易入口

備受人們關注和追捧的網紅，既是未來的新媒體，又將逐漸發展成最重要的引流和交易入口。特別是隨著網紅經濟的發展成熟，網紅已超出了單純的網路美女等狹義概念，任何在垂直領域內擁有專業影響力並聚合起足量粉絲族群的人，都可以歸於網紅的範疇。

一名脫口秀的創始人小宇，就屬於廣義上的網紅，他透過圖書、自媒體產品等從粉絲手中獲得的巨額收益，體現出網紅經濟巨大的商業變現能力。

小宇根據相關要素在商業價值鏈上的稀缺性，區分出了四代交易入口。比如，以往由於用戶獲取和消費變現能力的稀缺，電商主要是在流量入口和變現入口上發力；現在，以人（網紅）作為入口的第三代交易入口形態正逐步成形。這是在原有交易入口用戶獲取成本增加、廣告變現能力下降的背景下產生的，是一種更為低廉、快速的用戶獲取與變現路徑。

同時，伴隨著自媒體的誕生而快速崛起的網紅經濟，在度過了自媒體流量紅利期後，必然會進入更加注重本質內容價值的時期。即網紅經濟形態在經過最初的野蠻式擴張後，最終還是要落腳到對自媒體內容和知識產品的打造上來。因為很多粉絲關注網紅更多的是因為內容，是對網紅消費觀、價值觀的認同，而非商品。由此，知識人口將成為第四代交易入口。

網紅族群的誕生背景與類型劃分

(1) 網紅的誕生背景

有些人會藉助熱門新聞事件讓自己成為廣受關注的網紅。不過，由於沒有系統性、專業性的營運維護和支持，這些網紅受到的關注往往無法長久維持，很快就會被更新、更吸引眼球的消息和話題所淹沒。

因此，真正具有商業價值的成熟網紅，其背後必然有一系列強力有效的包裝與營運維護體系在支撐。這種自我包裝和對社群帳號的有效營運維護，使網紅能夠始終黏住粉絲的眼球，並與他們進行深度互動，從而為社群變現奠定堅實的基礎。

網紅在 2015 年突然爆發，是與亞洲行動網路的深化發展密不可分的。2015 年第三季度的數據顯示，行動端電商的占比達到 56.7%，已經超過 PC 端。行動端的發展使網路使用者進一步細分，任何具有某種特長或專業技能的人都可以透過社群自媒體聚合起一批粉絲，成為該細分族群的代表。

行動端的發展推動了網紅的大規模爆發。另外，網紅與明星有所不同，一方面，其影響力侷限於垂直細分領域，而不像很多明星那樣在各個領域都擁有粉絲族群；另一方面，網紅更注重與粉絲族群持久、深度的互動。

(2) 網紅族群的類型劃分

一、按照平臺類型劃分

根據網紅形成和營運維護的平臺，可以將網紅族群分為以下 3 種類型：

部落客網紅：主要是部落客聚合起眾多粉絲，從而成為網紅。部落格已成為當前最常見也是最主要的網紅培訓平臺。

影片網紅：即透過上傳展示自我形象和特質的影片，使自己受到關注和追捧，從而成為網紅。

直播網紅：即透過直播平臺與粉絲進行即時互動而成為網紅。

二、按照傳播內容劃分

專家類網紅透過大量的網路授課，形成了在某個專業領域的影響力和知名度，並聚合起一批支持者；一些明星或者在某個領域已有一定影響力的人轉戰網路，將原有粉絲引流到網路平臺，成為明星網紅；一些擁有美麗容顏和較好身材的模特兒或美女，幫助電商賣家拍照，然後將商品融入自我展示中，既幫助商家行銷，又逐漸累積了自身人氣，從而成為美女網紅。此外，在其他諸多領域也有受到大量粉絲關注的網紅。

三、按照粉絲數量劃分

主要分為：粉絲數量低於 10 萬的網紅、粉絲在 10 至 50 萬之間的網紅、超過 50 萬粉絲的網紅和百萬以上粉絲的網紅 4 類。

根據相關研究，在多數產業裡，粉絲數量不超過 10 萬的網紅有接近 70% 是假網紅；粉絲數量在 10 至 50 萬之間的屬於成長型網紅；擁有超過 50 萬粉絲的網紅才能算是小有名氣，並具有一定的變現能力；而粉絲過百萬的網紅就是明星級別的大網紅了，具有極大的商業變現潛力，是網紅經濟模式的主要人口。

網紅經濟 1.0：網路文學的誕生

網路的爆炸式發展，推動了「網路紅人」這一全新族群的產生和快速崛起。從整體歷程上來看，網路紅人伴隨著網路的發展經歷了不同的階段，而且每個階段都有不同的成名方式和商業變現模式。

在網路還處於幾 KB 級別網速的階段，網路使用者的資訊獲取途徑主要是文字。在這種大背景下，網紅的成名與成長路徑也只能依靠文字。1999 年，痞子蔡（蔡智恆）的《第一次親密接觸》被各大網站瘋狂轉載，成為第一部網路暢銷小說，揭開了網路文學時代的序幕。

在《第一次親密接觸》被瘋狂轉載的那段時間，幾乎所有少女的大頭貼都變成了長髮，「輕舞飛揚」也成為使用最多的暱稱；大學中的很多男生、女生更是在 BBS 論壇上不斷模仿小說中的主人公。由此，蔡智恆成為當時當之無愧的網紅，其 2000 年舉行簽售活動時，場面熱門，為防止引起治安混亂，保安最後只好把他架走。

在痞子蔡的影響下，從事網路文學創作的人不斷湧現。在此階段，各大出版商還沒有像今天這樣大規模布局線上文學，網紅的商業運作模式基本一致，即在網路論壇累積一定的人氣和粉絲後，依照傳統產業規則進行商業變現。

在那個網路還沒有全面普及的時代，以文學網紅為主要表

徵的網紅 1.0 時代，算得上是一個「純情時代」。網路文學創作者多是依靠自己的才情和文筆吸引粉絲，成為文學網紅。而他們的商業變現模式也比較單一，即成為傳統作家或者當其他類型的文字工作者。正如當時網路文學一位作者所說，那是「一段快樂和自由的時光」。

網紅經濟 2.0：網路紅人的崛起

進入 21 世紀，網路技術取得突破性進展，網速的提高、網路在社會更大範圍的普及，將人們帶入了一個圖文訊息時代。網紅的成長之路也由以往實打實的依靠才華，轉變為依靠吸引眼球的圖片和話題炒作。這使大眾對網紅的認知從欣賞、讚美轉變為低俗、惡搞等，大型圖文網路互動論壇成為網紅炒作的主要場地。

2003 年，還在讀國二的小君因一張斜視臉照片在網路上瘋傳，並被不斷惡搞而迅速走紅，自此，網友惡搞創造的時代開始。小君因他那張被 PS 到各個電影海報中的斜視臉被網友稱作「網路小胖」，成為網路圖片訊息時代的網紅。不過，與此後的網紅相比，小君的出名並非出自他的主動意願，屬於「被走紅」。

因此，成為網紅後的小君，大多數時候依然過著原來的生活。他偶爾會被人邀請參加商業活動，但並沒有刻意簽約經紀公司或尋求團隊進行持續深度的炒作和商業推廣，自然也沒有獲得更多的網紅經濟價值。

與網路小胖不同，將網紅 2.0 時代推向高潮的小蓉，則是積極進行各種商業炒作和自我行銷推廣，並擁有專門的網路運作團隊。2004 年，小蓉在大型社團中上傳了自己的照片，引起網友「圍觀」，自此走上了網紅之路。

小有名氣後，小蓉透過專業網路行銷團隊不斷炒作，最終使自己的知名度從單一的網路社團延伸到整個網路媒體甚至娛樂圈，並由此獲得了巨大的商業利益。比如，其商業活動出場費達到 20 萬元，有一個 10 人的專業營運團隊，同時還成立了傳媒公司，主要負責網紅策劃和推廣炒作。

除了小蓉，「小鳳」也是網紅 2.0 時代最具代表性的網紅。2009 年 10 月下旬，小鳳在捷運站發徵婚傳單。這本不是什麼值得特別關注的事情，但是傳單中故意羅列的一些「譁眾取寵」的徵婚條件，卻成功地引起了人們的廣泛關注和熱議，如「必須為國立碩士畢業生，在外參加工作後再回校讀書者不算」等條件。這讓網友對「小鳳」其人有了濃厚的探知欲望。

此後，小鳳又在電視及網路媒體採訪中頻頻發表「驚人」話語，成功引爆了網路話題（雖然這種網路話題和討論對其而言不一定是正面的），從而使自己擁有了極高的知名度和話題性。如「我 9 歲博覽群書，20 歲達到巔峰。我現在都是看人文社科類的書，……往前推 300 年，沒有人超過我」等語句。

另外，小鳳這種譁眾取寵式的成名方式，也讓人們關注到她背後的網路運作團隊。正如小鳳成名的網路推手所說，是小鳳找到他們團隊表達了想成為網紅的願望，之後他們才為其策劃出透過高調、「奇葩」的徵婚來博取注意力的點子，並僱用了大量「水軍」在網路上貼文造勢，從而成功將小鳳打造成為最紅的網紅。而在與小鳳合作的一個月中，該團隊的收益有 100 萬元左右。

網路通訊可視化時代的到來，使網紅更容易透過具有視覺衝擊的圖片、影片等吸引網路使用者的關注，再藉助專業化的炒作推廣，成名之路變得更加平坦。因此，相對於網紅經濟 1.0 的「純情時代」，2.0 時代的網紅經濟市場更加成熟，形成了「話題炒作 —— 造勢推廣 —— 商業變現」完整的造星生態鏈，產業規則、網路營運團隊等也都發展完善。

這是一個網紅不斷湧現和快速崛起的階段。據統計，這一時期亞洲大約有 1,000 家網路行銷公司，網紅產業生態鏈的參與人數至少有 10 萬；同時，2.0 時代網紅的變現方式也從之前透過出版作品獲利，轉變為更加直接、快速的商演和代言。

網紅經濟 3.0：網紅產業的成熟

隨著越來越多的網路行銷公司、網路推手等力量參與進來，網紅產業日益成熟完善，網紅的門檻也變得越來越低。各種類型網紅的不斷湧現和多元化的變現通路，推動著網紅經濟進入產業化發展的3.0時代。在這一階段，網紅從藉助譁眾取寵、博人眼球成名，轉變為依靠特定專業技能贏得網友的認同和追隨，從而成為垂直細分領域的網路紅人。

從網紅整個產業鏈來看，當前已經形成了上中下游各環節有序協同配合、包含產銷一體化的網紅經濟運作模式。上游是指有網紅需要的個人、企業或組織，中遊指專業化的網路炒作行銷公司和網路推手，下游則是大量的網路水軍、網路打手。

在網路上搜索關鍵詞「網路推廣」，即可獲取眾多面向網紅的服務提供者。有的賣家會收取固定額度的基本服務費，當然也可以重新簽約議價獲取更多的服務。

同時，部落格成為培訓網紅的最重要平臺，而網紅們的變現路徑也早已超出了2.0時代的商演、代言模式。以一名2014年在旅遊領域備受關注的Molly為例。

Molly最初是因為常在網路上發文和遊記被很多喜歡旅遊的網友所熟知。此後，Molly轉戰擁有更多受眾、影響更廣的部落格平臺，經常分享各種旅遊照片和旅行文章，從而引起廣泛「圍觀」和轉發，迅速成為旅遊網紅，其粉絲數達到了200多萬。同時，很多大品牌也幫助Molly拍攝旅遊照片或提供其他服務，將其打造成窮遊典範，而Molly則透過在部落格上為各大品牌進行植入式行銷推廣獲取收益。

在部落格成名上的網紅還有很多。這些網紅藉助部落格病毒式的訊息傳播和深度互動的溝通功能，累積了大量人氣和粉絲，邁出了網紅之路的第一步。

除了部落格，各類直播平臺也逐漸成為網紅培訓和變現的新場域。直播平臺中的女主播透過直播才藝表演吸引感興趣的用戶，並誘導他們在平臺上消費。

女主播的薪水主要取決於她們能夠吸引的觀看人數以及用戶的消費情況。例如，在某年的年度晚會上，有用戶一個晚上的消費達到了 1,000 萬元。另外，直播平臺與電商平臺的結合，為直播類網紅提供了新的變現通路。比如，直播主網紅小董開設的電商店鋪，在粉絲的大力支持下，僅用了一年時間就發展成月收入超過 6 位數的店鋪，向人們展現了新一代網紅巨大的價值創造能力。

與圖文 2.0 時代相比，寬頻 3.0 時代的網紅市場更加靈活、成熟，網紅現象基本覆蓋到各類平臺和垂直領域。隨著網路對社會各方面的深入、廣泛的滲透，網紅能更簡單快捷地引爆話題、吸引關注。同時，網紅的變現手段也更加多元化、新穎化，建構了比較成熟的商業變現邏輯和路徑，也獲得了更多的經濟價值。

與亞洲擁有巨大商業價值並日益展現出強勁發展勢頭的網紅相比，國外的網紅雖然缺少刻意的商業化炒作，但他們的影響範圍和變現能力卻一點兒不差。全球社群巨頭 Facebook 旗下的 Instagram 就是國外網紅培訓、成長和自我展示的主要陣地。

健身美女 Michelle Lewin 在 Instagram 上擁有的粉絲數量達到了 450 萬，是當之無愧的網路紅人。Michelle Lewin 的本職工作是模特兒，在 Instagram 上的走紅不僅為她帶來了更多的工作機會，也使其能夠在多種健身雜誌上分享心得，獲取額外收益。

Ladybeard 憑藉獨特的異裝成為亞洲御宅文化圈子裡的著名網紅。Ladybeard 練習過摔跤，一次偶然穿著異裝受到廣泛關注和好評後，在香港正式以女裝出道，並以女裝進行各種重金屬音樂和職業摔跤活動，給人們帶來了極大的視覺衝擊，吸引了眾多目光。2011 年，Ladybeard 到日本發展，他依靠網紅時期的高人氣進入娛樂圈，並與兩名日本少女一起組成偶像組合 Lady Baby。

相較而言，國外的網紅並沒有形成像亞洲這樣的產業生態鏈，他們的成名更多的是源於其在個人喜好的領域做出了令人矚目的成績，因此顯得更加隨性，很少進行專業化、企業化的社群營運和粉絲變現。

1.2 粉絲經濟，該如何理解網紅現象

現象：網紅成為最大的網路趨勢

從「國民女神」到一個個草根主播，「網紅」已經成為網路世界中最能吸引關注和話題的一個族群。同時，網紅經濟的全面爆發讓人們看到了其巨大的商業潛力，網紅已經成為近幾年最大的網路趨勢。

很多網紅的成名與人們的「獵奇心理」密不可分。這些網紅以荒誕、滑稽的方式對現實主流價值和心理發起「衝鋒」，迎合了人們的獵奇心理和深層次的「反叛」意識，引起「圍觀」，從而「一夜成名」。在這個意義上，網紅的「熱門」是網紅本人藉助網路的病毒式傳播和放大倍增效應，與網友「共謀」的結果。

依靠「自毀自黑」而成名的網紅艾克，便是藉著惡搞和混搭式的化妝效果吸引了大量網友的圍觀討論，其「霓虹燈一樣閃爍的夜店女王裝教學」，就是一種撒嬌、賣萌的諧星路線。

當然，網紅並不都是博人眼球的「譁眾取寵」之人，也有很多擁有「真材實料」的網紅。

擁有 700 多萬粉絲的「小谷」，就是憑藉超強的英語翻譯能力吸引了眾多粉絲。他經常把美國深夜脫口秀的節目內容翻譯後發布到部落格上，引發眾多網友的圍觀和轉載。而其深厚的美國文化知識背景和「刨根究底」的精神，也確實幫助了不少網友學習英語。

網紅現象已經滲透到社會生活的各個產業和領域，網紅不再僅僅是「錐子臉」的網路美女，在旅遊、美食、攝影、遊戲等各個領域能夠聚合起一批追隨者的「人氣高手」，都可稱為各自領域裡的網紅。

以戀愛中的 12 星座為吐槽對象的「小道」，就吸引了眾多少男少女的關注；「小甲」則透過《狗，你好，你家缺貓嗎？》這種日記形式的文章內容，吸引和感動了眾多網友，成為網路紅人。

從最初的 BBS 論壇，到更具影響力的部落格、直播、影片等多種形式共存，網紅的門檻越來越低，網紅成名的途徑也更加多元化。同時，多種通路的交叉融合，不僅使網紅更容易引起話題，獲得更高的人氣與知名度，也使他們更容易實現粉絲變現。例如，一名知名網路遊戲主播小董在某年元宵節期間直播吃飯，短短半小時就吸引到 50 萬人圍觀。

數據顯示，到 2015 年底，亞洲網紅規模已過百萬，與一個大城市的人口數量相當，網紅類型和覆蓋範圍涉及各個領域，展現出巨大的商業潛力。因此，說網紅將成為近幾年最大的網路趨勢，並非空穴來風。

誕生：網紅是如何打造的

2016 年初始，小 p 的爆紅引發了人們對網紅現象的更多關注和思考。小 p 是透過拍攝短影片在自媒體平臺上分享，吸引了網友的圍觀和追捧，從而迅速走紅的。從大背景來看，這首先得益於行動網路和智慧裝置的發展和普及，終端的新媒體不斷湧現。而小 p 的短影片其實是一種創新形式，充分滿足了行動碎片化場景下人們對短小、快速娛樂內容的訴求。

短影片類似於傳統文學中的微型小說，一方面可以被視為一種更加鮮活生動的網路橋段，容易獲得網友的青睞；另一方面，雖然短影片形式大大降低了拍片門檻，讓更多的普通人參與進來，但能夠像小 p 這樣藉助短影片累積巨量人氣和粉絲的人卻不多，這就涉及小 p 迅速竄紅的個體性原因。

有句話形象闡釋了行動網路扁平化時代的「成名」真諦：「你只要崛起一個小米粒的高度，你就是珠穆朗瑪峰。」簡單來說，就是行動網路的發展降低了很多領域的專業門檻，讓很多沒有受過專業培訓的草根也能參與進來。只是，在人人皆可參與的情況下，真正能夠成功的往往是那些「比上不足、比下有餘」的人和作品。

小 p 之所以能在短影片領域成功突圍，很大程度上得益於其表演科系的學習背景。這使她比非專業出身的人更懂得如何進行選題設計和影片內容的製作、剪輯，因此能夠有效抓住社

會生活中的熱門話題，滿足眾多網路使用者的訴求。如其對追星族心態的演繹、春節回家時如何應對親友等影片，都獲得了大眾的認同和青睞。

此外，獨具特色的敘事方式和風格也是小 p 成功的重要原因。她不是採用宏大的敘事方式，而是精準掌握了女性的話語特點和思維方式，從小處切入，這比完全草根性的敘事方式更容易黏住人們的目光。比如她對拜金女哭訴的演繹、對茶水間女性之間熱聊八卦的展示等，都準確擊中了大眾的心理痛點，自然也就引起了廣泛關注和討論。

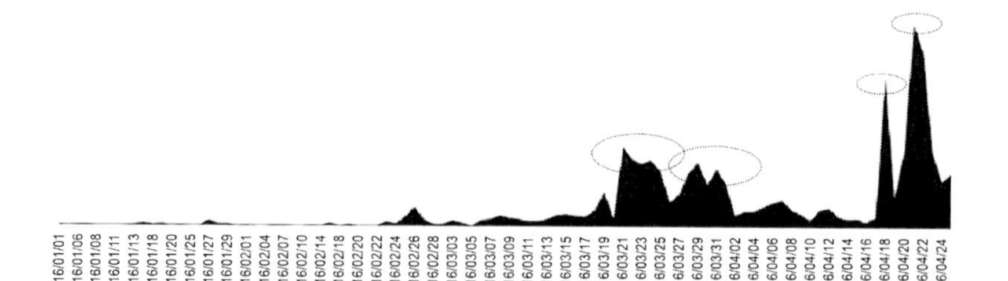

圖 1-7　小 p 相關部落格文章發文日期分布

從另一個角度來看，小 p 的成功還因為：亞洲人內斂的性格決定了多數人並不善於面對鏡頭和聚光燈表現自我，而小 p 的專業背景卻讓她能夠很好地進行表演，能夠與鏡頭和聚光燈產生化學反應，從而藉助極具吸引力的「魅力表達」，贏得大眾的認可和青睞。

其實，網紅作為一種魅力型人物，「魅力表達」是其必備的「技能」，是其展現與眾不同的個人特質、吸引粉絲追隨的必要條件。

網紅「小咪」就是透過博人眼球的「魅力表達」吸引到眾多粉絲的。作為文學碩士和媒體編輯的「小咪」，在一知名雜誌首期中發表文章，引起了人們的關注；之後又趁勢推出了幾篇文章，藉此迅速走紅。

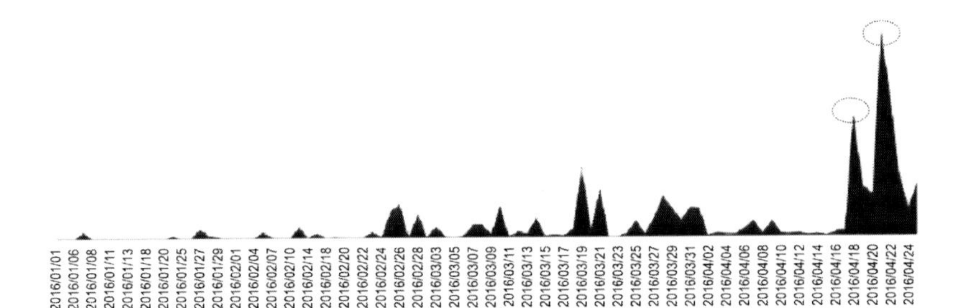

圖 1-8　小 p 相關部落格文章閱讀總量分布

從量化的角度來看，網紅的一個衡量標準是「10 萬 +」，即無論是透過影片還是文字形式表達自我，這些作品的點擊量應該迅速累積到「10 萬 +」。這方面最成功的「網紅」，非作者「小史」莫屬了，他曾在半年時間就獲得了 3.6 億的點擊量。

後來「小史」在「我是如何用半年時間，做出了『3,600 篇 10 萬 +』」一文中，對行動網路時代的自媒體表達特點和規律進行了整理，認為編輯青睞於「心靈雞湯」，而讀者大眾更偏愛「講故事」。

模式：網紅是如何盈利的

網紅展現出的價值創造力常常令人「震驚」：一條上萬元的廣告、千萬元級別的創投、年銷售額過億元的網路店鋪等。這些令他人「羨慕嫉妒恨」的情況在網紅中並不少見。

從整體來看，網紅的粉絲變現方式主要包括贊助、開設網路店鋪和接廣告 3 種（如圖 1-9 所示）。

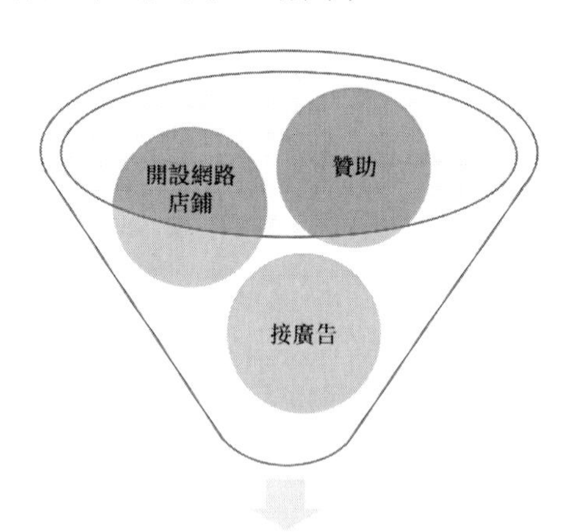

圖 1-9　網紅粉絲變現的 3 種模式

粉絲贊助是網紅創造收入的最基本方式，也是很多網紅的主要變現方式。越來越多的平臺，都逐步開通了贊助功能。

當前最熱門的小 p，她目前最重要的營收方式也是粉絲贊助。比如她的「沒有錢怎麼追星」的影片，就獲得超過 2,000 粉絲的贊助，即便按贊助的最低金額 10 元來算，小 p 的這條推送

也直接帶來了 20,000 多元的收益。

當然，這只是最保守估計，其實際收益應該遠超此數，因為她的很多粉絲經濟條件都相當不錯。例如，2015 年國際婦女節期間，一位韓國女主播漢娜的跳舞直播獲得了 40 多萬元的贊助。

網紅營收的另一個重要途徑是開設網路店鋪，「十個網紅、九個開店」便是最真實的寫照。實際上，那些擁有幾十萬過百萬粉絲的網紅，他們的社群平臺上都會有店鋪的連結，經營的品項則主要是衣服、化妝品和食品。而且，在大量粉絲的支持下，網紅店鋪常常能夠做出令人矚目的業績。

亞洲電商女裝類店鋪中，月銷售額過百萬元的網紅店鋪差不多有 1,000 個；一些網紅店鋪推出的新品服裝，往往幾天時間就能完成實體店一年的銷售量。

隨著網紅經濟的快速崛起和發展成熟，網紅營運越來越專業化、企業化，很多商家「蠢蠢欲動」，希望藉助網紅大量的粉絲族群實現品牌的塑造、推廣。因此，廣告也就成為網紅創造收入的一種方式。

以著名網紅「小甲」為例。小甲時常在部落格上分享日常生活和寵物的成長經歷，引起很多網友的情感共鳴，由此成為網紅，粉絲數量有 2,500 多萬。大量的粉絲族群自然蘊藏著巨大的商機。「小甲」在簽約了一家公司後，剛開始只是偶爾接一下業配，近兩年在行銷浪潮的裹挾下，接的業配越來越多，其一條業配的費用常常超過萬元。

雖然粉絲對此有質疑，但是一旦網紅進行了公司化、商業化運作，那麼網紅本人在很多時候也就成了一個品牌和符號，只能順應商業化的逐利本性，畢竟金錢的誘惑是如此巨大，而網紅本人顯然也希望實現更多的粉絲變現。

觀點：碎片化時代的必然趨勢

網紅是隨著網路特別是行動網路的發展迅速崛起的一種新生力量。網路自由、開放、平等的特質為網紅提供了製作方便、成本低廉、傳播快速、覆蓋廣泛的自我展示與創造空間。特別是在今天的碎片化時代，網紅製作的不同於電影、電視等「大製作」的即興式短節目，反而更加符合碎片化、行動化生活場景的需求，並藉助濃厚的生活氣息激發起人們的情感共鳴，獲得人們的關注和認可。

網紅藉助開放、自由的網路平臺，透過「魅力表達」充分展現自身，吸引了一批支持者。他們既與日常社會生活緊密相連，有時也會對社會現象進行針貶評判，表現出自身的責任感和勇氣。

從整體上來看，網紅是極具草根氣息的一個族群，他們有著不同於「高階」的菁英族群的表達方式與文化特質，能夠準確掌握大眾的「痛點」和「興奮點」，自然也就更容易贏得普通大眾

的認可和青睞。

不過，這種特質也決定了多數網紅很難長久地「紅」下去。因為大眾的視線、興趣和關注點是最容易轉移的，網紅為了迎合人們碎片化、即時性的需求，創造的內容大多是短、平、快的「快餐」，很難成為「主食」。而且為了保持「快餐」的供給效率，網紅必須不斷自我壓榨，因此很容易「黔驢技窮」。

具體來看，網紅是藉助於取悅大眾，迎合人們快節奏、即時性的內容需求而受到人們的追捧，並在網路的倍增效應下快速成名的。很多網紅的自我呈現或作品都是譁眾取寵的粗製濫造，沒有文化沉澱，很難獲得持續的生命力。

從這個意義上來說，網紅更像是平民狂歡下「喧囂的泡沫」，看似絢爛無比卻很容易破滅。因此，網紅若想長久「紅」下去，還是要回歸到最本真的內容沉澱上來，不斷學習，努力提升文化素養，創造出更具文化內涵的優質內容，以滿足人們對內容的更高訴求，從而能夠始終吸引和黏住粉絲。

網紅是行動網路時代的必然產物，是人們自我表達和自我實現的重要表徵，它使更多普通人圓了「明星夢」。因此，社會應該以更加積極開放的心態看待網紅，給予其廣闊的成長空間，透過提升大眾的審美能力和內容訴求來推動網紅的進步與成熟，以充分發揮網紅巨大的創造能力，打造一個更具生機和活力的網路世界。

1.3 重新定義網紅：具備強大「吸睛」與「吸金」能力的群體

網紅：網路上具有超高人氣的個體

一份統計報告顯示，截至 2015 年 12 月，亞洲網路使用者規模達 6.88 億，網路普及率達到 50.3%。隨著網路逐漸滲透到人們的生活中，網紅作為一個特殊的族群，憑藉其強大的「吸睛」和「吸金」能力引起了人們的注意。

不過，「網紅」族群的越來越龐大和成員的魚龍混雜，也讓人們對「網紅」這一概念產生了一些錯誤的理解。比如，有人認為「網紅」就是整容、炫富等行為的代名詞。實際上，「網紅」是指在網路上具有超高人氣的個體，這種個體並不僅僅侷限於某個特定的領域，如電商模特兒、視訊主播、演員、主持人、運動員，甚至科學家等都有可能成為網紅。

在注意力經濟環境下，網紅的出現可謂順應了天時、地利、人和。在傳統媒體時代，依靠電視等媒體的包裝走紅的明星族群，帶來了巨大的經濟價值，而網路的發展，則使得網紅族群應運而生。相比傳統媒體，行動網路的影響力更大、傳播

範圍更廣、造星能力更強，透過社群平臺，任何一個人都有可能成為網紅。

注意力經濟環境下造星模式的變化

傳統媒體時代的明星，對大多數粉絲來說是遙不可及的、具有神祕感和距離感的，而進入行動網路時代後，明星也逐漸「網紅化」。

「明星網紅化」具有兩個方面的含義：一是直播平臺上的個體，可以透過吸引大量粉絲成為網紅，並接拍影視節目、代言廣告，成為明星；二是明星會更加注重與粉絲的互動。

在 2016 年第 35 屆香港金像獎頒獎典禮上，春夏在激烈的角逐中獲得最佳女主角的桂冠。在此之前，憑藉《踏血尋梅》中的王佳梅一角，春夏還獲得了亞洲電影大獎最佳新演員獎。

實際上，在出演電影之前，春夏是名副其實的網紅，她不僅做過「書模」、當過網拍模特兒，更是網路論壇的知名紅人，其清新的形象和獨特的氣質吸引了大批粉絲的關注。憑藉其高人氣，2013 年春夏開始出演影視作品。春夏的經歷，即是對「明星網紅化」的一個絕佳闡釋。

在新娛樂時代，明星的數量開始爆發式的增長，而明星與網紅也不再是兩個對立的族群。在注意力經濟環境下，無論明星還是網紅，能夠吸引粉絲，並注意與粉絲互動的個體更容易獲得話語權。

被定義為「高顏值男歌手」的小 k，是知名直播平臺網紅之一。與一般的直播平臺歌手相比，小 k 的影片內容不僅更加新穎，而且更注意與粉絲的互動。他在唱歌的時候，會在停頓間隙跟粉絲打招呼、開玩笑、聊天，而粉絲也會透過留言的方式發送歌詞，形成一種和諧的互動氛圍。至 2016 年 5 月，小 k 在直播平臺的關注者接近 160 萬，粉絲團粉絲數也超過 1,000 萬，由此成為受關注度最高的網紅之一。

從某種意義上來說，「明星網紅化」就如同娛樂產業的「供給端改革」要吸引更多的粉絲，就必須提高自身的吸引力。未來，明星與網紅之間的界限會逐漸模糊。

網路時代的「身分」崛起

從傳播學象徵互動的層面上來闡釋如今的網紅，可以將他們生產的內容理解為「網路迷因」。「迷因」源自於英文 Meme，出自《自私的基因》(*The Selfish Gene*) 一書，作者為英國著名科學家 Richard Dawkins（理查 · 道金斯)。「迷因」是一種網路文化基因，作為訊息傳遞的中間角色，其在時代發展的基礎上，理論內涵也在不斷豐富。如今，「迷因」已成為一種包含多種因素的文化活動體系，它能夠擴大訊息傳播範圍，並以傳播結果的形式呈現出來。

網紅生產出來的「迷因」，也屬於網路文化基因的範疇，這種基因可以被他人模仿並進行大範圍的訊息傳遞。「迷因」的出現能夠填補人們在某些方面的精神空白，網紅為了提高自身的影響力，進行內容生產，並以文字、圖片、影片等媒體形式呈現出來，利用網路平臺進行訊息內容的傳播，引發用戶產生認同感，甚至進行模仿。

立足於分享經濟的層面來分析，網紅營運，其實就是紅人透過社群平臺的運用，使用戶看到自己擅長的能力，並從中盈利。隨著網紅經濟的崛起，網路紅人即便沒有穩定的工作也能賺取自己的生活所需，他們既可以與第三方企業合作，也可以選擇自主經營。之所以會出現這樣的情況，很大程度上取決於網路時代「身分」的日益突出。在分享經濟的模式下，不僅出現了很多新興產業，增加了就業機會，也使原本許多全職的工作被臨時性的兼職代替，使傳統就業方式面臨挑戰。

(1) 網紅傳播鏈的兩大要點

網路紅人的形象是經過一系列包裝及打造之後呈現在觀眾面前的，與其現實生活中的形象存在很大的差距。網紅傳播的關鍵之處在於以下兩大要點（如圖 1-12 所示）。

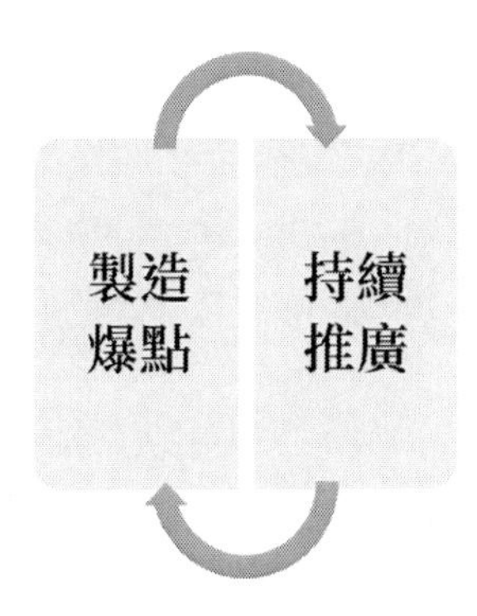

圖 1-12　網紅傳播鏈的兩大要點

第一點，製造爆點，生產出能夠引人注目的話題內容。抓住用戶心理需求的話題，使網紅迅速在網路平臺上推廣開來，提高其個人影響力，並不斷拓展傳播範圍。

第二點，持續推廣，不間斷地進行個人行銷能夠延長網紅在網路平臺上的活躍時間。同時，網紅本身需要持續進行內容輸出。若不注重持續推廣，網紅很可能會迅速走向衰竭。

(2) 如何製造爆點內容

網紅在打造個人品牌時，不僅要突出自己的風格特點，還要與粉絲進行頻繁的互動交流，並學會用故事打動粉絲。

一、鮮明的風格特點

每個網紅都要突出自己的風格特點，只有這樣才能避免同質化現象的出現，才能夠給用戶留下深刻印象。作為網路紅人，需要具備某方面的特長，或者能夠從新穎的角度出發來解讀熱門問題，並將這些內容以恰當、精彩的形式表現出來。

「磊磊」憑藉解讀金庸的作品走紅，他從全新的角度、現代化的眼光來理解古代武俠作品，主打幽默風格，語言生動形象。「谷阿莫」用精闢凝鍊的語言將長達數小時的電影濃縮為幾分鐘的影片，口條是其突出特點，幽默的風格也讓人容易記住。

二、頻繁的互動交流

要吸引更多的粉絲關注自己的內容，網紅就要與粉絲進行

交流溝通，選擇參與性較強的話題，與粉絲展開討論。其中，高品質的內容只是一方面，還要選擇恰當的傳播方式，並以粉絲容易接受、理解的形式來表現內容。為了拉近與粉絲之間的距離，不少網紅乃至明星開始推出具有獨特風格的個人短影片。

與明星不同的是，網紅需要與粉絲保持頻繁的互動，因此，電商紅人會在社群平臺上與粉絲進行互動，主播紅人會在節目播出過程中感謝粉絲用戶的支持與喜愛。

三、用故事打動粉絲

不少網紅透過講故事的方式來吸引粉絲的關注。網路紅人會打造出屬於自己的故事，並在講故事的過程中找到與大眾日常生活的共同點，激發粉絲對自己故事的嚮往與認同感。

有一檔在網路平臺上播放的美食節目，受到大批粉絲的追捧。該影片節目在教觀眾自製美味佳餚的同時，也將主人公小刀與他從街上撿回的流浪貓「酥餅」的故事，在溫暖的氛圍中娓娓道來，使人們對那充滿生活氣息、愛與美味的場景產生無限嚮往。

(3) 瞄向受眾的3種心理

網紅在營運的過程中，要重點抓住粉絲對族群的認同及歸屬感、對網紅及自身的幻想心理以及對輕鬆娛樂的心理需求。

一、為粉絲提供族群的認同及歸屬感

網紅的粉絲族群相當於一個發展成熟的社群，粉絲們基於

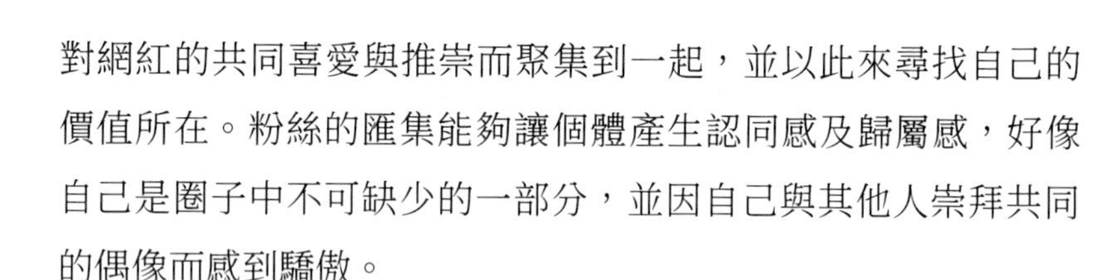

對網紅的共同喜愛與推崇而聚集到一起，並以此來尋找自己的價值所在。粉絲的匯集能夠讓個體產生認同感及歸屬感，好像自己是圈子中不可缺少的一部分，並因自己與其他人崇拜共同的偶像而感到驕傲。

二、對網紅及自身的幻想心理

網紅在網路平臺上輸出的內容及呈現出來的形象，能夠激發粉絲的認同感，粉絲會將這種感覺轉移到網紅個人身上。同時，網紅會掌握好與粉絲之間的關係，讓粉絲覺得其在網路平臺上呈現出的形象，就是自己在現實生活中的狀態。另外，粉絲還會因網紅原本也是普通人而將其與自己連繫起來，並將這種幻想遷移到自己身上，希望自己也能獲得成功。

三、輕鬆娛樂的心理需求

隨著生活節奏的加快，人們在工作與日常生活中都面臨著很大的壓力，每天都要處理各種各樣的問題。在這種情況下，人們經常會選擇從現實生活中抽離出來，透過觀看一些娛樂性較強的內容來釋放自己的壓力，使自己獲得暫時的放鬆。因此，網紅抓住粉絲的這種心理需求，有的以輕鬆、幽默的內容來吸引粉絲，有的透過用犀利的語言對日常生活中的常見現象進行批判吸引粉絲，還有的是基於為某個領域的人們提供指導意見吸引粉絲等。無論什麼形式，都是以娛樂性為主。

(4) 3種成名路徑

2016 年後，網紅的範圍逐漸拓寬，一些公眾人物也開始利用自媒體來提高個人影響力。若以是否具有知名度和是否在線上平臺有所發展為標準，下圖可以清晰地表現網紅的 3 種成名路徑，其中，在線上擁有知名度的族群為當下的網紅，其他 3 部分則是可能成為網紅的 3 個族群類型。

從圖中可以看出，網紅來源於 3 種族群：線上草根、線下草根及名人。名人既包括透過傳統媒體走紅的明星，也包括知名企業家。如今，利用網路平臺走紅的名人不在少數。隨著網紅經濟的發展，加入這個隊伍的名人會逐漸增多。

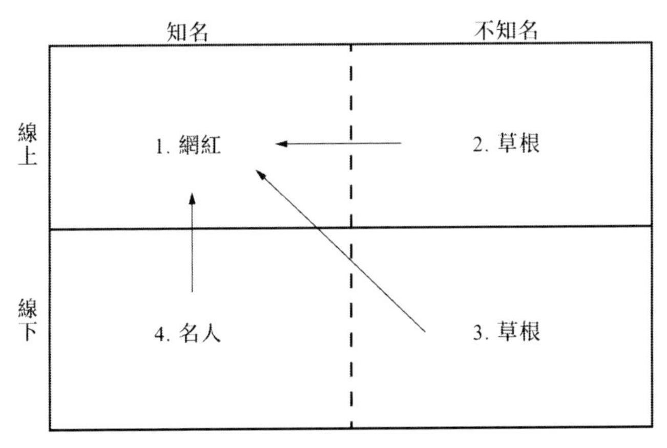

圖 1-14　網紅的 3 種成名路徑

從默默無聞的草根變成受人追捧的網紅，是對傳統就業機制的挑戰，說明如今的跨階層發展正在成為普遍現象，也為普通人提供了更多的創業機會。

企業家網紅的發展同樣值得關注，因為這個族群不僅代表著個人，更代表著整個企業的形象，在很大程度上決定著企業在線上平臺的影響力及覆蓋範圍，而這就需要以產品品質為保證。在今天，這種創新式的發展模式更應該引起業內人士的注意。

1.4 網紅經濟的前景：可持續發展的網紅模式

網紅經濟催生新興產業的投資機會

網路的崛起催生了一批有強大影響力的網紅，早期的文學網紅「痞子蔡」憑藉文學作品《第一次的親密接觸》，在全球華文領域掀起了一股「痞子蔡」熱潮。之後網紅族群的規模越來越大。網紅經濟作為一種新興業態，近年來已經展現出巨大發展潛力。

(1) 海外網紅早已風生水起

網紅憑藉其在現實或網路生活中的某種行為或事件被網路使用者廣泛關注。在網路的影響下，他們展現出來的某種特質被無限放大。

在網路出現較早的國家，網紅產業經過較長時間的發展已經相對成熟。以美國為例，2004 年，以 Facebook 為代表的社群媒體平臺造就了一批網紅。2007 年，谷歌旗下的 YouTube 制定了影片廣告利潤分享策略，平臺將拿出影片廣告收入的 55% 用以獎勵影片內容的創作者。這一策略使得用戶的創作熱情得到極大提升，網紅族群逐漸發展壯大。

同時，專門為網紅族群服務的網紅經紀公司也開始大量湧現。它們主要為網紅提供內容創作、業務合作、品牌塑造等多方面的服務。

Maker Studios 作為 YouTube 規模最大的內容供應商之一，於 2014 年 3 月被迪士尼以 5 億美元的價格收購。目前美國網紅經濟實現價值變現的方式主要為廣告，下一步將逐漸向電商及股權分享發展。據統計，作為未來網紅經濟重要支撐的 14 到 17 歲的美國網路使用者，目前使用的社群軟體主要是 YouTube、Facebook、Instagram。

歐洲地區的時尚部落客是一種典型的網紅。他們開設部落格，並透過自身擁有的大量粉絲提升部落格的影響力，這種運作方式與亞洲的自媒體十分相似。當這些部落客的影響力達到一定程度時，便會有企業與其合作，邀請他們出席一些產品發布會或為品牌代言等。

隨著網紅影響力的日益增強，其將對傳統的品牌推廣方式產生深刻影響。企業透過網紅進行行銷推廣，成本更低、效率更高。

2006 年，在世界範圍內擁有極大影響力的印度瑜伽大師斯瓦米．蘭德福（Swami Ramdev）成立了 Patnajali 公司，意欲實現

新技術與古印度智慧的深度融合，弘揚印度「韋達養生學」。憑藉著斯瓦米．蘭德福的強大影響力，Patnajali 公司在短時間內實現了快速發展。

(2) 網紅經濟助推新興產業

網紅經濟是近兩年隨著網紅的快速崛起而出現的一種新概念，要完成從「網紅」向「網紅經濟」的轉變，需要具備優質的社群資產及實現價值變現的商業模式。隨著人們消費行為及需求心理的轉變，電商產業的模式紅利逐漸減小，商品及服務同質化、用戶流量成本高、轉化率低等問題日益嚴重。實現與消費者精準連結、投入成本較低的網紅經濟開始登上歷史舞臺。

小 p 的成功，無疑讓網紅經濟受到了眾多投資者的青睞。許多與網紅經濟密切相關的公司也迎來了新的發展機遇。受益最大的當屬幾大社群媒體平臺及影片網站，目前與網紅經濟相關的不少公司都已經在港交所或紐交所上市。

網紅產業與音樂、體育等有相似之處，它們都需要有一定規模的粉絲族群。對粉絲經濟而言，是以電商或者廣告代言的方式完成商業變現，其中最為關鍵的是要擁有大量的粉絲族群。

影片社群平臺孕育了許多網紅。在被稱為「得宅男者得天下」的網紅產業，粉絲經濟商業模式已經相對成熟。

2016 年 2 月，一家娛樂公司與當紅明星周杰倫達成合作；

2016 年 3 月，該公司又與一家傳媒公司共同成立新公司，探索網路直播代理業務，此次合作將由娛樂公司提供網路直播藝人，而傳媒公司則負責藝人培訓、宣傳推廣、商業合作等方面的業務。

擁有大量忠實粉絲族群的動漫產業也是網紅的一大產地。許多 Cosplayer（動漫角色扮演者）正在逐漸向網紅發展。2015 年 10 月，因擁有動漫角色扮演衍生品業務而受到廣泛關注的一家公司，在港交所正式掛牌上市，作為動漫衍生品領域的綜合服務方案供應商，其必將掀起一股動漫產業的網紅熱潮。

新趨勢：資本推動下的千億蛋糕

當前，網紅經濟的市場規模已經達到上千億元，未來幾年在資本巨頭的不斷湧入下，該產業還將有爆發式增長。從整個網紅經濟的發展來看，隨著產業的不斷完善，不同影響力的網紅將會被分為不同的層級，並產生各自不同的商業模式，最終形成一種相對穩定的金字塔結構。

網紅經濟整個產業十分龐大，網紅電商、遊戲直播、影片創作等相關產業的發展尤為火熱。未來，電商平臺、直播平臺、電子競技、美容醫療將會成為網紅經濟這個千億級市場的主要瓜分者。

(1) 紅人電商模式前景廣闊

從當前的發展情況來看，透過電商實現網紅經濟變現是一種較為主流的方式。以電商業為例，在 2015 年「雙 11」購物狂歡節期間，有幾十家網紅開設的網路店鋪銷售額達到了幾千萬元。有的網紅在網路店鋪剛開業時，結合一些促銷打折活動，一天的銷售額就可以達到幾百萬元甚至是上千萬元。電商業者官方給出的數據顯示，2015 年女裝銷售額前 10 名的店鋪中，網紅店鋪有 6 家。

與普通的網路商家相比，這些網紅店鋪可以更加精準地滿足消費者的需求，而且用戶流量成本極低、轉化率極高，其產品銷量普遍較高、盈利能力較強。決定網紅店鋪盈利能力的主要因素包括：產品的更新迭代效率、供應鏈的管理能力及對粉絲族群的行銷能力。

在網紅與社群電商深度融合的年代，電商平臺將在未來網紅產業的發展中扮演十分關鍵的角色。目前，一些電商平臺開始嘗試引人一些優質的網紅入駐平臺。

近年來，由於產品同質化嚴重及電商產業的巨大衝擊，服裝產業的利潤率大幅度降低，許多品牌服裝甚至也遭遇了嚴重的庫存問題。而時尚類型的網紅主要就是透過在電商平臺上開設店鋪，銷售女裝來實現價值變現，這無疑為以服裝產業為代表的眾多傳統產業帶來了新的發展機遇。

A 電商是一家服務於小供應商及電商的第三方綜合服務商。其主營業務主要包括供應鏈管理、行銷推廣、品牌授權及電商生態綜合服務等。目前，該公司的利潤來源主要是品牌授權，毛利率可達 95%。下一階段，A 電商將以柔性供應鏈切入網紅經濟，主要透過以下兩種方式展開。

一是與現有的網紅店鋪進行合作，成為其服務商及代理營運商。A 電商將負責產品生產及店鋪營運，而網紅店鋪則主要負責品牌輸出，雙方將以銷售分成或者入股分紅的方式來共同分享利潤。

二是打造網紅培訓器，提供網紅培訓服務。A 電商將憑藉其在電商行銷推廣方面的強大優勢，打造出一批競爭力強、發展前景廣闊的自營網紅店鋪。

(2) 直播成主要載體

透過影片或者網路直播進行品牌推廣，是視訊主播等網紅族群提升人氣的主要方式。隨著行動網路時代的來臨，行動終端的用戶流量大規模增長，行動直播逐漸發展成為新的超級用戶流量入口。

以拍攝短影片為主的影片 APP 的出現，使得影片製作的成本越來越低，每個人都可以拿起自己的手機拍攝一段影片上傳到社群媒體平臺及影片網站。在 PC 端十分活躍的直播平臺上，逐漸培養用戶用虛擬物品贊助主播的習慣，這種方式被稱為除

了電商、廣告、遊戲外的第 4 種網路盈利模式。

作為行動直播平臺主流活躍族群的 80 到 90 世代，十分強調個性化，而行動直播 APP，透過發展差異化競爭吸引了大量優質主播以及用戶，這與現代娛樂產業的主流發展趨勢實現了完美融合。

(3) 電競網紅成主角

市場研究機構發布的數據顯示，2015 年全球遊戲市場增長率達到 8%，包括 PC、主機、手遊在內的全平臺產生的總收入為 610 億美元。2015 年，全球收入最高的遊戲是 Riot Games 開發的英雄聯盟，年收入為 16 億美元。

自 2010 年以來，在地下城與勇士、穿越火線、英雄聯盟等遊戲的推動下，電競產業發展十分迅猛。據市調公司發布的數據顯示，2015 年亞洲的電競用戶人數為 9,800 萬人。

電競產業的快速發展，催生了大量的直播平臺、遊戲主播及電競俱樂部。在網紅族群中，電競男主播具有極高的知名度及極大的潛在商業價值。

隨著電競產業的快速發展，許多遊戲主播建立了專業的團隊，幫助自己進行優質內容的創作、品牌合作、宣傳推廣等。由於遊戲主播有對服裝及直播場景進行設計的強烈需求，一批專門為遊戲主播提供服務的經紀公司也紛紛湧現，整個遊戲直播產業正在向商業化、專業化及系統化的方向發展。

當然，遊戲主播實現價值變現，需要有熱門的遊戲、電競產業的健康穩定發展及電競直播平臺等作為支撐。

(4) 醫療美容產業搭「順風車」

網紅族群的風光生活，讓許多人想要成為擁有大量粉絲的網路紅人，甚至不惜透過美容、整形等方式提升自己的吸引力。由此，醫療美容產業也有了新的發展機遇。

由於醫療美容產業仍處於起步階段，相關的技術、服務與發達國家相比還有一定的距離。近年來，醫療美容公司也在積極引入國外先進的技術、管理經驗及機械設備。未來，醫療美容在設備生產、技術培訓及美容服務等領域也會出現一些產業巨頭。

據統計，亞洲有上萬家美容整形醫院，但是它們大都分布在經濟比較發達的城市。醫院是整形產業最為主流的載體，而且隨著產業監管力度的不斷增加，未來它將成為最為核心的用戶入口。

此外，由於韓國的整形技術十分先進，許多的整形機構為了吸引消費者，與韓國整形醫院建立了策略合作，甚至部分整形機構直接收購了韓國的整形醫院。醫療美容產業有著巨大的發展前景，這對於那些擁有技術、品牌、通路等優勢的企業而

言無疑是一次重大的發展機遇。

隨著「網路 +」掀起的傳統產業「上網」熱潮，相對封閉的醫療美容產業也有重大變革，其內部流程塑造及與其他產業的跨界融合，將會成為未來的發展趨勢。整個產業的訊息壁壘將會被逐漸打破，產業各層級之間將會逐漸實現訊息互通。更為關鍵的是，在網路公司及資本巨頭的湧入下，整個醫療美容產業鏈的深度及廣度將會得到大幅度提升。

如何突破可持續和規模化瓶頸

如今，網紅已經不再是單純透過搞怪行為、自拍照吸引人的族群，而是發展成為能夠釋放出巨大價值的經濟新元素，圍繞網紅族群可以探索的變現方式有很多。

網紅經濟迎合了網路時代的經濟發展趨勢，它藉助社群媒體平臺聚集大量忠實粉絲，透過即時互動開展定向行銷，圍繞網紅創造的優質內容開發出一系列產品及增值服務，從而形成完善的網紅產業生態。

在亞洲長期面臨較大的經濟下行壓力的背景下，以網紅經濟為代表的諸多網路產業為亞洲經濟的發展注入了新的活力及動力。在大眾創業、萬眾創新的環境下，網紅電商、視訊主播等網紅衍生產業帶來了新的經濟增長點。

網紅經濟對許多傳統產業的轉型升級提供了新的發展機

遇。以網紅電商為例，在其發展初級階段，網紅店鋪主要是透過網紅吸引更多的消費者關注，但是由於網紅的營運能力及業務拓展能力不足，限制了其發展。但在經過一段時間的摸索後，網紅開始建立自己的專業團隊，創建自主品牌，並透過品牌延伸來實現收益最大化。

網紅透過創造優質的內容、打造具有較大影響力的品牌，拓展了品牌產品上下游產業鏈的深度及廣度，這種全新的網紅經濟商業模式，在許多傳統產業的轉型中發揮出了巨大的作用。

以傳統服裝產業為例，許多服裝企業在網路時代陷入了發展停滯期，從產品生產到交易支付，企業要承擔過於沉重的內部組織管理成本及外部推廣成本。而網紅經濟的崛起，讓傳統服裝品牌可以藉助培育品牌設計師來提升品牌影響力，透過與消費者即時互動了解其興趣愛好，實現產品的個性化及訂製化生產，以此完成企業在產品生產、行銷推廣、品牌塑造等多個環節的內在變革。

與網路金融、網路租車一樣，網紅經濟這種新興產業在發展過程中也會遇到各種各樣的困難，而網紅經濟要突破發展的瓶頸，就在於如何實現持續穩定的增長及規模化擴張。網紅經濟在粉絲轉化率方面具有較大的優勢，但需要持續地創造優質的內容，要想滿足注重個性化與訂製化的 80 到 90 世代這一消費族群的需求，對網紅是一個巨大的挑戰。

在行動網路時代，訊息傳播速度及效率發生巨大改變，在消費決策方面，人們更趨於理性。在這種背景下，只有持續創造出優質內容的網紅，才能在訊息過載時代，長期保持較高的關注度，源源不斷地獲取較高的收益。

對網紅產業而言，生活在網路時代的我們應該調整自己的心態，以開放包容的理念來接受這種新興產業，也只有為以網紅經濟為代表的諸多新興經濟創造出自由、開放、平等、規範的市場環境，它們才能持續地推動經濟不斷發展，實現經濟的真正崛起。

未來的網紅經濟模式將何去何從

2016 年 3 月 7 日，一份周刊發布的「年度亞洲網紅排行榜」，根據網紅的口碑、影響力及創作力進行排名，聚集了許多影評人、時尚圈達人等。這份榜單向外界展示了網紅經濟所具有的強大能量。

(1) 平臺+網紅=合作共贏

草根藉助網路成為萬眾矚目的網紅已經十分常見，而網紅在憑藉較高的才藝、個性等吸引大量粉絲關注的同時，也為網路平臺帶來了巨大的用戶流量。這種合作共贏也是網紅經濟在十多年的時間裡能夠不斷發展壯大的重要原因。

從最初的論壇到如今的各大社群媒體平臺，網紅走過了十多年的發展歷程。據市場研究機構公布的數據顯示，截至 2015 年年底，亞洲網紅族群的人數已經突破百萬大關，但其中大部分網紅只是曇花一現，在短時間內憑藉熱門事件崛起的他們很快被新的網紅所取代。

較早成名的網紅，大部分已經離開了他們曾經活躍的平臺。比如小仙成為了影視公司的老闆；小鳳移民美國成為簽約主筆。

(2) 網紅經濟，未來會怎麼走

從嚴格意義上來說，「網紅經濟」這一概念，在 2015 年之後，才真正得到大規模推廣、普及。據電商平臺公布的數據顯示，一些網紅開設的電商店鋪可以在一週之內完成傳統實體門市一年才能完成的交易量。

雖然網紅都是以大量的粉絲族群為基礎的，但在具體的變現方式上存在著一定的差異。

網紅與品牌商合作，透過出席一些商業活動、為商家代言等方式完成價值變現；

網紅直接在粉絲社團推送廣告完成變現，這種方式成本較低、轉化率較高，但長此以往，很容易引發粉絲的不滿；

網紅自創品牌，基於其創造的優質內容提供各種衍生增值服務。

對於網紅電商店鋪而言，網紅在社群媒體平臺的行銷推廣、產品的個性化及多元化設計、供應鏈的整合、店鋪營運管理等，都會影響店鋪的業績。電商店鋪營運是網紅經濟衍生出的一個新興產業，由專業的公司負責網紅培養、產品生產、品牌推廣、售後服務等產業鏈的多個環節，網紅在其中扮演的角色相當於一個商業代言人。

網紅經濟的出現，催生了許多新興產業，創造了很多就業機會；進一步完善了網路產業生態；較低的門檻讓許多草根得以實現自己的價值；創造了新的經濟增長點。在網紅族群的快速更新迭代中，網紅族群的規模也在不斷擴大，網紅經濟的生態也更趨完善，未來將會有更多的網紅經濟衍生產業及商業模式湧現出來。

網紅經濟，是人們在網路時代追求自由價值的一種實現途徑。在未來相當長的一段時間裡，網紅經濟將保持高速增長。人們對娛樂產品消費需求的多元化，也會推動網紅經濟朝著多元化的方向不斷發展。

第二章
深度解析網紅經濟
背後的商業模式與產業鏈

2.1 頂層設計：網紅經濟產業鏈的營運發展藍圖

網紅經濟產業鏈中的「玩家群像」

網路虛擬世界中有這樣一群人：她們以漂亮的臉蛋、曼妙的身材在社群平臺上聚集了眾多粉絲，並透過自我行銷和展示引導粉絲族群的消費選擇和行為；她們所擁有的關注度和話題度在很多時候並不輸於明星；最重要的是，她們開設的網路店鋪的產品銷量常常排在同品類店鋪的前列，具有十分強大的吸金能力。這些人被稱為「網紅」。在 2015 年，她們在網路世界中迅速崛起，吸引了眾多關注，是最會賺錢的一群人。

在商業價值上，網紅優化了供應鏈滯銷狀況，提升了產品行銷的精準度。以服裝產業為例，一方面，網紅透過自身影響力引導粉絲的款式選擇，使供應鏈上的服裝生產廠商能夠精準連接消費者需求，從而緩解了當前服裝業庫存高、資金周轉慢等問題，增強了供應鏈端的生產效能；另一方面，在實體店鋪邊際收益下降、投入成本不斷攀升的情況下，各服裝品牌商開始藉助 B2C 電商平臺開拓新的行銷通路。只是，傳統 B2C 電商

平臺不僅收費較多，而且搜索品類繁雜，已經無法滿足消費者對快捷、高效、簡便、個性的需求。與此不同，網紅基於社群平臺的龐大流量累積了眾多粉絲，並以自身的時尚形象展示引導粉絲的選款傾向，從而提升了品牌商的行銷精準度和效率，推動品牌商從 B2C 電商轉向社群電商。

簡單地講，網紅是在社群平臺上累積了足量粉絲，並透過個性化的自我展示有效誘導粉絲的消費選擇和購買行為，從而獲取粉絲經濟價值，實現流量變現的人。隨著網紅的快速發展，其涵蓋範圍也從服裝產業延展到遊戲、動漫、美食、教育、攝影、股票等諸多領域。

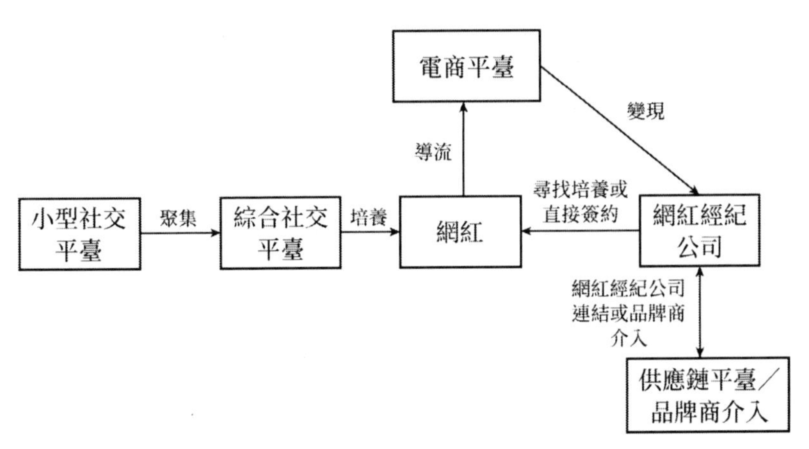

圖 2-2　網紅產業鏈結構

網紅有著巨大的商業價值：一方面，相對於傳統粉絲經濟中的行銷，網紅經濟是一種更為垂直細分的經濟形態，網紅能夠基於自身在特定領域的專業性和影響力，進行精準行銷，即實現產品行銷的高效性、精準性；另一方面，網紅經濟又具有大眾化、低門檻的特點，網紅可以透過在社群平臺與粉絲族群的交互溝通，實現更為低廉、廣泛的產品宣傳。

從參與主體來看，網紅經濟的產業鏈結構包括小型社群平臺、綜合社群平臺、網紅、網紅經紀公司、電商平臺、供應鏈平臺或品牌商。

(1) 小型社群平臺

在專注於垂直細分領域的小型社群平臺中，常常會出現一些在該領域有著特殊才能的網友。這些人在社群平臺的日常交流互動中，吸引和聚合了一批志趣相投的關注者，成為該小型社群平臺上的網紅。

不過，專業性或功能性的小型社群網站雖然更容易形成網紅，但畢竟流量有限、規模較小。因此，為了進一步提升自身的知名度，聚集更多的粉絲，小型社群平臺上的網紅會不斷轉向有著更大流量的綜合社群平臺，並以網紅身分繼續吸引、黏住和影響更多的網友，為發展社群電商累積足夠流量。

(2) 網紅經紀公司

網紅經濟的快速崛起也使網紅運作越來越專業化、企業化。網紅經紀公司就是以發現和培養網紅，並幫助網紅順利變

現為目的的，其基本運作流程為以下 4 個步驟。

一、尋找並簽約合適的網紅。

二、以專業化的營運維護團隊幫助網紅運作社群帳號，始終保持與粉絲的高效、深度互動，透過具有吸引力和情感共鳴的話題引導粉絲關注網紅的店鋪或推薦的產品。

三、基於公司自身的供應鏈生產或整合能力，幫助網紅高效連接供應鏈系統，實現產品生產的精準化，提升供應鏈效率。

四、透過專業分工幫助網紅更有效的經營線上店鋪，實現網紅社群資產變現。

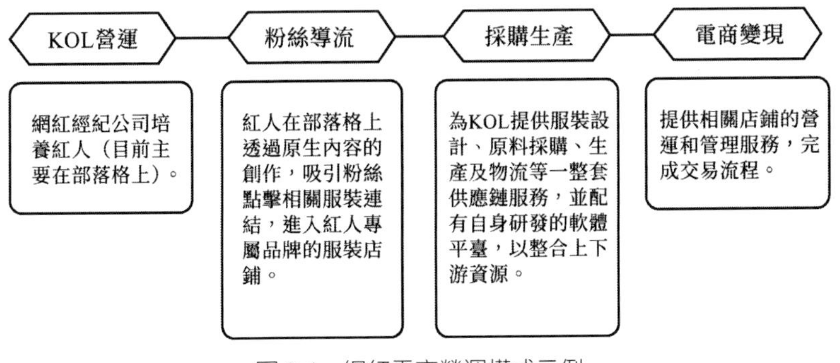

圖 2-4　網紅電商營運模式示例

(3) 供應鏈生產商或平臺

網紅經濟具有快時尚、個性化的特點，需要連接能夠快速反應、快速生產和出貨的供應商，以不斷滿足消費者不斷變化的時尚需求，獲取流量價值。因此，網紅經紀公司或者供應鏈服務平臺，需要利用大數據分析技術優化整合供應鏈各環節，以滿足網紅對供應鏈系統的快反應和高品質需求。

很多品牌生產商有十分成熟的供應鏈系統，卻苦於缺乏有效的線上行銷通路。這些品牌生產商迫切希望能夠參與到網紅經濟的產業鏈中，實現供給端與需求端的精準、高效連接，這顯然又進一步推動了網紅經濟的快速成長與發展。

各社群媒體平臺的網紅培訓情況

網路時代下的網紅經濟，已經從最初的服裝領域覆蓋到運動休閒、知識教育、影片、直播、美食旅遊等諸多垂直領域。這些垂直領域的社群網站雖然都有著規模上的侷限，但在培育網紅方面卻各具優勢。

（1）運動、旅遊類社群網站

這兩類基於興趣愛好的社群網站能夠更快、更容易地實現粉絲聚集，並基於高頻率、深度的交流溝通促進網紅迅速產生。不過，這類社群平臺中的粉絲數量較為有限，網紅社群資產的變現規模不大。

來自義大利米蘭的時尚部落客 Chiara Ferragni 2009 年開設部落格的時候僅有 22 歲，在大學讀法律的她喜歡將自己的各種造型以及搭配技巧等分享到部落格上。由於具有鮮明的個人特色，而且精通義大利語與英語兩門語言，Chiara Ferragni 在短時

間內就吸引了大量粉絲和媒體的關注。

在獲得關注後，頗具遠見的 Chiara Ferragni 建立了自己的團隊，創立了一個全新的時尚品牌，而且其營運部落格的經驗還被寫入哈佛商學院的教學案例，Chiara Ferragni 本人也登上了富比士排行榜。

(2) 知識類社群網站

知識類社群網站能夠憑藉優質的內容輸出，不斷吸引和黏住有不同知識訴求的網友，因此在粉絲規模和忠誠度方面都不成問題。只是，過於濃厚的文化氛圍必然會形成對社群商業化運作的反感和排斥。同時，這類社群平臺中的網紅本人，也常常是文化價值屬性大於商業價值屬性，這無疑增大了社群資產變現的難度。

(3) 直播類網站

隨著網路「宅」文化和遊戲產業的興起，直播類社群網站得以吸引到更多的目光。直播類平臺上的網紅也大多具備優質的形象和演藝素養，更容易吸引並影響粉絲，實現流量變現。

不過，這類平臺上的網紅也面臨著隨時被「淹滅」的風險，即由於網友的興趣、品位等的快速變化，以及對新鮮事物的追逐，直播類網紅很難長久地吸引和黏住觀眾。而且由於這類網紅常常是以某個固定形象走紅，因此也很難進行自我轉型。

由此可見，各種垂直類的社群平臺雖更容易培養出網紅，但首先都受到粉絲規模的限制，其次又受到各平臺自身社群氛圍、廣告連結能力、軟體系統等不同方面的制約，因此很難為網紅變現提供有力的支持。

所以，這些垂直社群平臺上的各類網紅在累積了一定量的粉絲後，常常會將重心轉移到具有更多流量，也更容易變現的綜合性社群平臺上。這些網紅將原有垂直小型平臺上的粉絲導入大型平臺，並繼續以網紅的身分吸引和黏住更多的粉絲，為社群變現奠定流量基礎，然後透過自身影響力進行精準、高效的廣告或電商行銷，引導粉絲的消費趨向，進行社群資產變現。

網紅經濟模式背後的三大關鍵能力

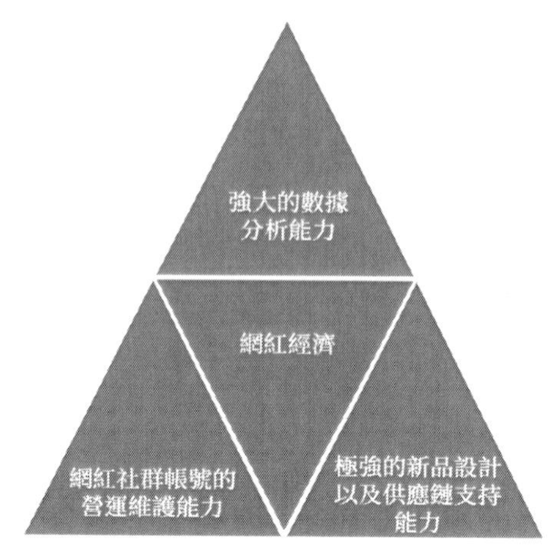

圖 2-5　網紅經濟模式背後的三大關鍵能力

網紅行銷是網路時代一種創新性的品牌行銷新路徑，其核心包括零售端與供應端。前者是以社群平臺為基礎，藉助大數據技術挖掘、培養適合特定產品領域的網紅，並透過專業團隊對網紅社群帳號進行營運維護和管理；後者是指傳統品牌商透過流程優化與再造，建立起能夠及時連結個性化、快時尚消費端的供應鏈系統，從而有效感知和應對快速變化的消費需求。

(1) 強大的數據分析能力

網紅經紀公司要充分利用大數據分析技術，尋找最符合產品特質的網紅。一方面，根據網紅粉絲的數量、類型、活躍度、轉化率等情況，分析判斷意向簽約網紅能否創造出預期的品牌價值；另一方面，還要對簽約網紅粉絲的回覆率、點讚率、回覆內容等進行數據分析，以預判網紅所推銷商品的受歡迎程度，從而基於需求端進行產品生產，有效規避產能過剩或供不應求的風險。

當前，網紅經紀公司大多具備一定的數據獲取和分析能力，簽約的網路紅人也大多已經擁有一定人氣。然而，隨著網紅經濟的快速崛起，這些經紀公司必然會尋找、培育更多的網紅，並對他們的社群帳號和線上店鋪進行營運維護，這無疑會對公司的大數據技術和資金實力提出更高的要求。

另外，網紅是在不斷的社群互動中產生的，所以其核心數據掌握在社群平臺手中。因此，網紅經紀公司透過大數據技術挖掘網紅、預判網紅產品熱銷程度的關鍵，還在於社群平臺對網紅資料的開放程度及應用水準。

(2) 網紅社群帳號的營運維護能力

社群帳號的有效營運維護是網紅長久吸引和黏住粉絲的關鍵。在簽約網紅後，網紅經紀公司一般會全面接管網紅個人社群帳號，透過專業化的團隊進行更有效的營運管理，以始終保持網紅與粉絲的高頻率、深度互動，建立起粉絲族群對網紅的持久忠誠。

不過，與數據分析能力所遇到的困境一樣，隨著網紅規模的不斷擴大，網紅經紀公司在營運維護網紅社群帳號時，也面臨著不斷增加的資金、技術、人員等眾多方面的壓力。

(3) 極強的新品設計以及供應鏈支持能力

網紅銷售是一種精準、高效的銷售新形態，能夠為品牌商導入更多客戶流量，並進行更高效的流量變現。然而，要想長久吸引和黏住用戶，增強網紅的持續變現能力，最終還是要回到產品本身，即透過供應鏈系統的整合重塑，構建出高效的新品設計和生產機制。

一、網紅經紀公司的自主設計、生產能力，已經無法滿足網紅規模增長的要求。

網紅銷售是一種意見領袖買手制的導購模式，是基於網紅

本人對時尚潮流的敏銳感知，引導粉絲的消費選擇，實現精準化行銷。網紅經紀公司雖然擁有專業的設計團隊甚至生產能力，但隨著網紅規模的不斷擴張、人力資源成本的上升以及消費者對時尚訴求的快速變化，網紅經紀公司將越來越難以滿足網紅對供給端強大的設計與生產能力的要求。

因此，要想實現網紅社群資產的持續變現、獲取網紅商業價值，還需要強大的新品設計與生產系統的支持，以滿足粉絲快速變化的新品需求。

二、網紅店鋪新品銷售的「閃購＋預購」模式，對供應鏈的快速反應和補單能力提出了更高的要求。

一方面，網紅的優勢是敏銳感知和掌握時尚潮流，藉助個性化的品位與形象展示引導粉絲的消費選擇，然後透過小批量快生產的方式迅速上線產品。因此，從設計到生產再到最後上貨，這些環節所需的時間在網紅店鋪發展中具有關鍵作用，特別是服裝等快時尚、個性化的消費領域更是如此。

一個新產品能否獲得消費者的認同和追捧，不僅需要在銷售端敏銳地掌握時尚風向和消費者心理訴求，還需要在供應鏈端快速反應，「快人一步」地進行設計、生產和上新品，以便在日益激烈的市場競爭中占據先發優勢。

網紅店鋪「閃購＋預購」的飢餓行銷方式，對供應鏈的快速補單能力提出了極高要求。不同於以往大規模生產後進行銷售的方式，網紅店鋪採取的是少量現貨限時、限量發售，然後根據銷售情況進行後期預購翻單的方式，真正實現了以銷定產，極大地降低了產品的庫存壓力。不過，這種以銷定產的模式必須以極強的補單能力為基礎，以避免供不應求的窘境。

以服裝產業為例，網紅店鋪的補單規模一般要超過初期備貨的兩倍，補單時間則不宜超過 20 天。同時，網紅店鋪中的客服、出貨、售後服務等各環節也要為這種「閃購 + 預購」模式提供有力支持，盡量避免因上新品忙碌而造成的服務品質下降以及上新品後的資源冗餘。

雖然多家知名網紅經紀公司多是從優秀的電商商家轉變而來的，可以藉助原有的供應鏈系統有效連接生產商，也有著較強的議價能力。但隨著公司旗下網紅的不斷增加，僅靠原有的供應鏈體系已經無法滿足網紅營運維護對供應鏈端的快速反應及補單能力的要求。因此，網紅經紀公司需要拓展新通路，完善供應鏈能力，以避免客戶流失。

2015 年大規模簽約網紅的一些店鋪，評價都有不同程度的下降。其原因就在於，這些公司的供應鏈體系以及客服、售後等配套服務沒有跟上不斷擴張的網紅規模，導致用戶體驗下降。而對於本質上是粉絲經濟的網紅經濟來說，客戶的不斷流失將是災難性的。

社群粉絲時代的「網紅生態圈」

網紅強大的變現能力毋庸置疑，他們有 80 到 90 世代這一新生代消費主體作為支撐。但同時，資本注入網紅也要承擔不小的風險，因為網紅的發展要依靠特定的粉絲族群，不同粉絲族群的忠實度、轉化率等存在明顯的差異。

(1) 影片模式變現具有優勢

本質上，網紅經濟是由網路內容創業衍生而來的。2015 年之前，較有人氣的網紅主要是電競主播、時尚達人等。2015 年之後，網路影片或網路劇等形式受到了網紅族群的青睞，大量優質影片內容不斷湧現，成為訊息共享的一大爆發點，而且海外網紅族群的大量實踐，也證明了影片模式變現的優勢。

由於具有鮮明的特色，小艾已經成為短影片領域熱度最高的網紅之一，而其採用的變現方式也相對多元化。比如開設網路店，在影片中植入廣告，出席相關活動等。其植入廣告的一則影片，由於新穎有趣，不僅沒有引起粉絲的反感，反而獲得了 10 萬左右的轉貼量。

現階段，網紅主要分為兩種：一種是以自媒體、視訊主播為代表的以創造內容為核心的網紅，他們重點關注的是內容的創造，變現方式不固定；一種是以「賣貨」為主的時尚達人，其產品主要是服裝配飾、化妝品，透過電商模式完成變現。

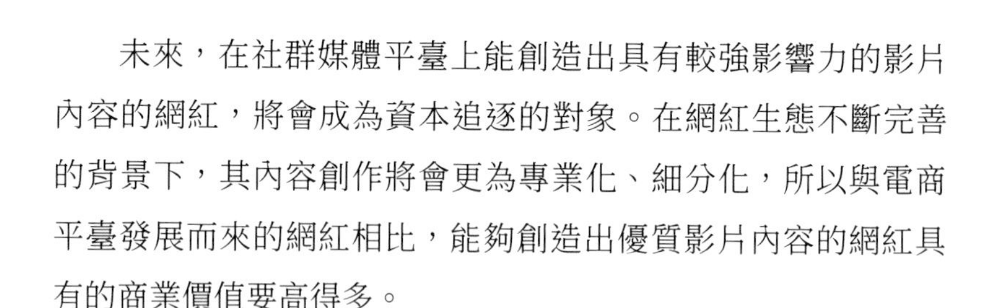

未來，在社群媒體平臺上能創造出具有較強影響力的影片內容的網紅，將會成為資本追逐的對象。在網紅生態不斷完善的背景下，其內容創作將會更為專業化、細分化，所以與電商平臺發展而來的網紅相比，能夠創造出優質影片內容的網紅具有的商業價值要高得多。

(2) 龐大的流量帶來不容忽視的價值創造

估值過億的小 p 的發展歷程，為網紅變現提供了一種全新的思路。事實上，在小 p 獲得巨大成功以前，網紅族群的變現方式主要是在電商平臺上開設店鋪。

以電競主播為例，通常他們會在電商平臺上開設服裝、零食等多種店鋪，並在直播過程中對這些店鋪進行宣傳推廣。憑藉較高的人氣，其店鋪銷量可以保持穩定增長，部分電競主播年收入能達到百萬元以上。

擁有超過 430 萬粉絲的網紅大奕，經常發布服裝搭配款式及潮流生活方式。2014 年 7 月 23 日，大奕開設的網路店鋪完成一次新品上架，5,000 多件商品在兩秒內被粉絲「搶光」，所有新品在 3 天內全部賣完。

網紅經濟在規模不斷發展壯大的同時，也催生了許多網紅培訓創業公司。部分網紅培訓創業公司是電商平臺上擁有較高人氣的品牌商家，網紅負責向粉絲進行產品推廣，而產品設計、供應鏈管理、店鋪營運及售後服務等則全部交給網紅培訓

公司負責。

自帶龐大流量的網紅，在價值創造方面具有明顯的優勢。在年度交易額達到上千萬元甚至上億元的背後，是社群媒體平臺上大量忠實粉絲族群的支持。從某種意義上來說，網紅在未來的發展潛力並不遜於明星、名人，他們透過自己打造的品牌，可以向粉絲族群進行產品的個性化及訂製化生產，從而進一步提升轉化率，最終實現價值最大化。

(3) 與品牌方合作的收益獲取方式

對以內容創造為主的網紅族群而言，電商模式僅是諸多變現方式中的一種。

以擁有 106 萬粉絲的自媒體人小轟為例，其先是嘗試進行了以「賣給好看的人」為口號的影片，隨後又憑藉在網路節目中的亮相吸引了大量粉絲。目前小轟的主要工作是品牌代言、參加綜藝節目、出演影視劇等，暫時沒有開設店鋪的打算。

由此可見，以創造內容為主的網紅的主要變現方式，並非是直接與粉絲進行交易，而是從品牌合作方、影視劇及綜藝節目等製作方獲取收益。類似小轟這種擁有百萬粉絲族群的網紅出演影視劇或參加商業活動時，其出場費在幾萬元左右，與小明星身價差別不大。

(4) 投資網紅要擔很大風險

小 p 是首個獲得投資的網紅案例，這也向外界展示了資本對於網紅變現能力及未來發展前景的認可。事實上，網紅獲得資本的關注是必然的，因為網紅的粉絲族群主要是漸成消費主體的 80 到 90 世代，這一族群是未來推動經濟發展的主要動力，而連接這一族群的網紅就成為消費場景的人口，由此會衍生出許多新的商業模式。

但對投資方而言，對網紅進行投資需要慎重考慮。網紅的粉絲族群通常侷限在某一特定領域，網紅的個性及創作內容的差異會導致粉絲族群的數量遭遇難以突破的瓶頸。此外，網紅能否持續獲得粉絲的關注，也是投資者不得不考慮的問題。以小 p 為例，其憑藉優質影片內容吸引粉絲，但如果其創作能力下降，再加上粉絲的審美疲勞，必然會導致大量粉絲流失。

建立專業團隊對網紅十分重要，僅僅靠網紅自己的才能，在一段時間後必然遭遇瓶頸，如果能建立團隊，可以有效提升網紅族群的生命力。網紅團隊中的營運人才，可以找到變現能力更強、成本更低的商業模式。選擇與哪些品牌合作、採用何種變現方式、如何建立自有品牌等，專業的營運團隊可以更加高效、快速地解決這些問題。

在網紅經濟蓬勃發展的背景下，一些投資者也將目光瞄向了網紅培訓公司。

網紅變現方式的多元化與其創造的商業價值密切相連，而在變現過程中能否讓粉絲獲取價值，則決定了網紅的持續變現能力。隨著網紅經濟的不斷發展，內容供應商、平臺營運商、通路合作商及投資商等越來越多的價值創造者將參與進來，使網紅生態圈進一步完善。

2.2 商業模式創新：網紅經濟驅動下的變革

網紅經濟領域的三大投資機會

網紅經濟，簡單來說就是網路紅人在專業經紀公司的包裝以及打造下，提升自己的形象以及曝光率，從而在社群網站上吸引粉絲的關注，並依託龐大的粉絲族群推廣服飾等產品。這種行銷方式儘管簡單粗暴，卻讓人產生了無數的想像，吸引了眾多上市公司的關注。

(1) 社群電商逐漸興起

隨著網紅經濟的興起，消費者的消費模式也開始發生變革。過去人們網路購物會集中在傳統的電商平臺，並且有明確的消費目標。如今出於對自己偶像的熱愛，很多消費者產生了衝動消費，相對於傳統的消費模式，衝動消費和粉絲消費有更大的發展潛力。一些市場上具有代表性的社群電商平臺，它們利用社群平臺聚攏粉絲的功能，開展電商業務，實現了從粉絲力到購買力的轉化。

社群電商的興起主要得益於以下兩方面的因素：

一電商平臺上的長尾賣家不能在平臺上獲得足夠的曝光，因而難以吸引更多的流量；而銷量較高的賣家需要繳納高昂的費用，大大降低了賣家的利潤。有了社群平臺之後，這些賣家擁有了一個新的發展通路，可以利用差異化和專業化的服務來吸引消費者。

二隨著行動網路的高速發展和行動智慧裝置的不斷普及，行動端社群用戶的數量實現了迅猛增長。根據數據顯示，有5.2% 的用戶平均每天打開社群軟體 10 次以上，有接近 1/4 的用戶平均每天打開的次數超過了 30 次。這些用戶主要是年輕化的族群，他們富有個性，並且極易受到自己偶像的影響，購物需求呈現多樣化的特徵，購物時間較為分散。

年輕化族群的個性化消費需求在傳統電商中無法得到有效滿足。在電商平臺上，消費者購物往往是基於自身明確需求的購物，而社群電商能夠抓住消費者的「從眾」和「追星」心理，促成衝動消費和粉絲消費。

而且，社群電商具有巨大的發展潛力。2015 年上半年，一家社群電商的成交金額突破了 7 億元。

(2) 網紅經濟步入工業化

網紅數量的不斷增加，使得網紅經濟逐漸走向工業化。層出不窮的網紅背後是專門包裝和打造網紅的規模化營運公司。

這些網紅培訓公司從供應鏈管理到客服和營運，都形成了一套成熟的運作模式，可以迅速包裝網紅並推向市場。步入工業化營運的網紅培訓公司，在挑選以及培養網紅方面已經有了相對成熟的體系，比如可以透過大數據預測哪一個網紅將來能紅，並最終決定是否對其包裝以及以何種方式包裝。

社群在電商紅利期結束後，將會主動培養和製造社群關係。過去，網紅只要在社群網站上傳一張 PS 後的美照就可以獲得大量粉絲點讚；而如今，隨著網紅數量的飆升以及人們訴求的變化，簡單的美照已經難以獲得用戶的垂青。只有更加全面、立體地展示個性化的自我，才會受到用戶的關注和青睞。因此，未來的社群電商再也不能透過一張照片打遍天下無敵手，而是要靠系統化、流程化、精細化的運作才有可能取勝。

(3) 服裝上市公司加碼「網紅經濟」

社群電商的崛起最直接的受益領域是服裝產業，因而一些服裝上市公司藉勢快速融入網紅產業鏈。

一家主要經營裘皮服裝的生產與銷售的公司在 2015 年 5 月，發布公告稱有計劃透過成立有限合夥企業投資購買一家行動網路技術公司 30% 的股權，成為第二大股東。

該行動網路技術公司的目標是探索和創新符合行動社群場景的購物平臺，其旗下以社群網路為傳播媒介的電商平臺於 2014 年正式上線，並且推出一系列富有實際效益的功能和服務。而服

裝公司透過收購建立策略合作關係，將2,000多萬擁有銷售屬性的部落客收入麾下，在網紅經濟的發展中搶占了資源優勢。

也因此，該服裝公司贏得了多家投資機構的關注，根據其2015年的年報顯示，入股服裝公司的主力機構已經增加到36家，其中包括知名的公募基金，持股比例達到40.55%。

國外一家專注於服裝創意設計，按照客戶需求對設計款式進行配套生產的公司，其強大的設計能力可以源源不斷地輸出新款，同時，其服裝製造能力也為服裝供應鏈的順利運作提供了重要的支撐。在網紅經濟的發展大勢下，該公司利用社群平臺的巨額流量資源，成為社群電商的重要參與者。

此外，一家家喻戶曉的保暖內衣公司，順應電商的發展大勢，自創電商綜合服務生態系統，並更名「電商」公司，借殼上市。在網紅經濟興起之際，這家電商公司也啟動了網紅合作計畫，並提出要透過「明星商城」打造網紅經濟，未來可能會在培訓網紅以及網紅品牌等領域摻一腳，有望成為網紅經紀公司的龍頭企業。

透析網紅經濟的八大商業模式

如今，作為重要的社會現象，網紅經濟儼然成為一種潮流，那麼這樣一個全新的產業是如何變現的呢？下面筆者就從八個方面來概述其具體的商業模式。

(1) 廣告

一般來說，網路紅人大多會選擇廣告這一形式來實現盈利。首先，網路紅人之所以能夠得到網友的關注，是因為他們對內容有著非常強的駕馭能力，生產出的內容比較容易獲得粉絲的認可；其次，多數網路紅人的走紅都是源自原創的小影片，如果進行廣告植入，很容易讓粉絲留下深刻的印象。

在原創影片中植入廣告有兩種基本的方式：一種是靜態物體作為道具或背景出現；另一種是在後期製作時透過技術手段加入廣告元素。

影片錄製完成上傳後，在公共平臺進行編輯時，可以以文字或是圖片的形式加入廣告，如果這一廣告有 100 萬次的瀏覽量，而一次瀏覽一 0.1 元，那麼僅僅做一個單連結的廣告就能夠獲得 10 萬元的收益。

(2) 發展會員、VIP及粉絲贊助

除了廣告收入之外，會員、VIP 以及贊助等獲得的收益也在網紅的收入中占比較大。一般來說，網路紅人會透過製造話題等方式來吸引粉絲的關注，當粉絲形成一定的規模之後，他們就可以出售會員、VIP，雖然單價在幾元到幾十元之間，但是購買的人卻有好幾千。這樣算下來，一個話題僅僅幾十分鐘就能夠進帳幾萬元，即便是扣除平臺的抽成，也能有上萬元。

網路紅人創作出來的內容，瀏覽量很容易突破 10 萬，雖然並不是所有人都會贊助，但是按照一定的機率來算，贊助的人至少會有八九百，通常金額最低 10 元，最高 100 元。如此一來，一個內容就能獲得上萬元的贊助。

(3) 微電商模式

相較於前兩者來說，微電商模式有一定的難度，必須對粉絲進行一定的引導才能實現。

被網友親切地稱為「胖子」的小宇，其實也可以算是一個網紅。2015 年，小宇憑藉脫口秀產生了上億的商品交易量。小宇每天都會在社群平臺上推送一段語音，時間都正好保持在 60 秒，粉絲透過回覆不同的關鍵詞獲得連結內容，而這個連結裡就是他們正在賣的產品。

目前，小宇有近 700 萬粉絲，如果每天打開收看的粉絲比率為 5% 的話，那麼每天打開回覆連結的人就有 30 萬左右，假如購買率為 1% 的話，那麼就有大約 3,000 人進行交易，交易額自然十分可觀。

所以，就算較之廣告或會員模式更為複雜，只要具備一定的能力，對電商的操作有一定的了解，完成變現也並非是不可能的。

其實，上述 3 種模式都屬於簡單粗暴的類型，不需要花費太多腦筋，網紅只需堅持做出符合粉絲喜好的內容，就能實現盈利。而接下來要說的 5 種模式則要考驗網紅及其營運團隊的綜合實力。

（4）形象代言人

形象代言人，聽上去似乎是明星的專利，其實越來越多的企業和產品開始傾向於選擇網紅來做形象代言人。不過，做代言人看上去簡單，事實上需要注意的細節卻非常多。

首先，必須要慎重選擇代言的產品或企業。因為網紅是有自己的風格與特徵的，相應的，其粉絲族群也有一定的類型特徵，如果代言的產品與兩者無法匹配，將很難取得佳績。

其次，報價問題。真正成為某一企業或品牌的代言人之後，就必須維護其形象，盡快地為代言的企業或品牌拓展市場。因此，應對自身的價值有更深刻的了解，進而推動自身的發展。

（5）網紅培訓班

網紅經濟如此熱門，使得很多個體和企業意識到網紅經濟的價值，那麼辦培訓班，教那些想要成為網紅的人「如何做一個成功的網紅」必然有非常大的市場。「網紅」這一概念真正紅起來是在 2016 年，而按照行動網路時代的規律，新鮮事物的熱門會持續一定的時間，因此，當下正是網紅經濟的黃金時代。

巨大利益的吸引，使得很多人都選擇以此作為創業的方

向。但是要成為一個成功的網紅卻不是一件容易的事情，一方面自身要具備一定的條件，另一方面則必須具備相關資源。

(6) 商業合作、品牌策劃與話題行銷

這一模式需要營運團隊有卓越的能力。在話題行銷這方面，網紅有著天然的優勢。一個成功的策劃必須對每一個環節的發展有較為精準的掌握：一個話題行銷可以從兩方面著手，一方面不斷發出正面評價且要保持上風；另一方面則要同時發出負面評價，兩者可以形成一種爭風，最終再做一個完美的結尾。此外，也可以進行環環相扣的設置，這樣話題就可以呈遞進式推進並持續升溫。

如果一個網紅有足夠的粉絲族群和專業的營運團隊，那麼進行商業合作的收費標準就會比較高，而其所獲得的收益也會非常可觀。

(7) 出演網路劇

隨著網路技術的不斷發展，網路電視逐漸進入大眾的視野，開始搶占電視媒體的市場，而且因其門檻比較低、互動性比較強，頗得年輕人的喜愛。而網紅的粉絲都在網路上極為活躍，如果他們喜歡的網紅出演網路電視劇，他們自然會去追捧。

如今，網路劇已經不再是粗製濫造的代名詞，很多網路劇製作精良，需要幾百萬元的投資。如果一個有表演功底的網紅

參演網路劇，必定能夠吸引其 50% 以上的粉絲，這樣一來，該劇就能取得不錯的收視成績。如果該劇因此而獲得了巨大的收益，那麼參演網紅的片酬和分成必然也會不菲。

(8) 拍音樂MV

在網紅生產的內容中，影片與音樂最受粉絲追捧，而將兩者結合拍出來的 MV 無疑也會受到粉絲的喜愛。而且，網紅本身就是代表著草根娛樂，比較道地，他們的 MV 不需要做成歌星那樣的高水準，所以從拍攝到後期製作，所耗費的時間並不長。這樣一來，網紅們便可以頻繁地推出新作品，也更容易得到粉絲的認可與喜愛，進而從中賺到錢。

如上所述是網紅經濟的八種商業模式。其實，還有很多其他的模式，隨著網紅經濟的發展，其商業模式必定是多元化的，讓我們拭目以待。

網路直播衍生出的商業模式

如今，網紅已經不僅僅是新鮮詞彙的一個代表，更是時代發展的代名詞。網紅指的不僅是一類人，還是一種生態、一種經濟模式。

現在，成為「網紅」並不是一件多困難的事，在行動網路已經廣泛普及的當下，只要擁有一個直播 APP，就可以向公眾進

行網路直播。照這樣發展下去，如今已經初具規模的網紅經濟模式必將得到進一步的發展與壯大。

(1) 網紅的聊天室時代

其實「網紅」由來已久，在2008年之前，就已經形成了一股潮流，只是存在的範圍並不大，公共聊天室就是其中之一。

在網路出現的早期階段，公共聊天室是一個不得不提的存在，它為當時的人們提供了一個全新的交流平臺，吸引了大量網路使用者。據相關數據顯示，2002年前後，在規模較大的網路公共聊天室裡，每天在線人數有上萬人，並且是同時在線。正是這樣的搖籃培育出了第一代網路主播，也正是這樣的溫床才創造出如今頗具規模的秀場模式，以及大行其道的粉絲經濟。

那時，即時通訊軟體才剛剛興起，網友要想與陌生人進行交流、認識新的朋友，公共聊天室是最好的選擇。而網友們能聚集在一起聊天、唱歌，也是因為有一位主持人在掌控全場。

然而，公共聊天室雖然熱門，卻是曇花一現。從2003年起，網路巨頭們陸續地關閉了這種交流平臺。究其原因有三：其一，這種交流平臺並不能提供太多的附加服務，而新興的即時通訊軟體又席捲而來；其二，維護成本太高，沒有合適的盈利方式；其三，各網路公司對這種交流平臺的管理並不完善，很容易出現藏汙納垢的現象，或是有色情內容，或是暴露網友隱私等。

儘管這種交流平臺走向了衰落，但是「網紅」卻沒有隨之一起衰落，只是這一詞語在彼時還不熱門。那時，整個網路產業處於發展的上升階段，但影片網站卻是個例外，因為很多人不看好其發展前途。

當時以一家網路影片卡拉 OK 知名平臺為主，平臺上有一批長相漂亮的女主播，她們透過唱歌、跳舞等各種方式來吸引網友關注。網友成為她們的粉絲後，會為其購買虛擬禮物，而她們則可以從中獲得 80% 的分成，平臺獲得 20% 的分成。憑藉於此，平臺獲得了巨大的收益，僅 2012 年就有了 10 億元的營收。

(2) 粉絲多，吸金能力強

從影片網站轉型而來的真人互動直播平臺就是其中的一個典型代表，在這個平臺上有許多身負各種才藝的年輕人，他們透過「網路直播」的方式進行才藝的展示，並且與關注自己、喜歡自己的粉絲進行互動。

據相關數據顯示，與直播平臺簽約的主播已經超過了 5 萬人，而其日用戶數有 1,000 萬，日頁面瀏覽量有 8,000 萬，2015 年有 15 個主播的收入超過 100 萬元。

對於傳統網路公司來說，1,000 萬的用戶數根本算不了什麼，但是對於作為秀場的直播平臺來說，這 1,000 萬人所產生的消費能量是難以估量的。直播平臺的主要盈利，來源於用戶購

買的虛擬禮物，包括虛擬鮮花、虛擬蛋糕、虛擬跑車、虛擬飛機等，而不同的虛擬物品對應著不同價值的虛擬貨幣。

這樣的業務模式並不複雜，簡言之就是簽約主播在線上唱歌，粉絲在線上贊助。然而，僅僅如此，這些主播們賺到的錢就已經達到了令人咋舌的數目。實際上，一些不太知名的歌手即便是開了現場演唱會，也很容易出現既不叫好也不叫座的情況。而那些人氣較高的主播，只是在線上開個網路歌會，就能透過粉絲購買的虛擬禮物獲得不菲的收入。

對於消費的粉絲、網友而言，他們並不只是為了聽歌或是看節目才上線的，更多的是為了打造自己的社團。他們一開始消費只是為了送禮物給自己喜歡的主播，後來則是為了自己在這一社團裡的發言權。

(3) 直播場景更加廣泛

隨著經濟的不斷發展，生活節奏也在不斷加快，人們相應產生了大量的碎片化社群、消費的需求，比如，滿足自己的興趣愛好、學習、與朋友分享情感等。這樣一來，就需要有大量的與之對應的內容與場景來滿足人們的這些需求。

在這樣的形勢下，行動終端的直播應用應運而生，而一些傳統的音樂播放器應用以及音頻聚合平臺等也開始對這一領域進行探索。

其實，雖然終端發生了改變，但是盈利方式、直播方式仍然一如既往，只不過場景與內容變得更加豐富了：直播的地點不再唯一，變得更為多樣化；內容也不再單調，除了唱歌聊天之外，還加入了更多生活中的其他細節。

除此之外，網路紅人這一族群也隨之發生了變化，那就是每個人都能進行直播。讓每個人都有可能成為新聞事件的第一爆料人。「直播」這一形式已經開始影響每個人的生活，並對所進入的產業進行潛移默化的改變。

2.3 網紅培訓：生產線運作模式背後的經濟體系

網紅培訓器：網紅崛起的重要推手

如何理解「網紅培訓器」的概念？「網紅培訓器」從根本上來說就是網路電商企業。這類企業透過與網紅合作，承擔包括店鋪經營、產品供應、品質保障、售後服務等環節的工作。隨著網紅經濟的發展，網紅培訓企業也應運而生。

在具體營運過程中，網紅的主要任務，是與粉絲進行互動交流，在粉絲有需求的基礎上進行產品的宣傳及推廣，培訓企業則負責除此之外的其他環節，兩者協同發展。如今，網紅與企業合作的現象越來越普遍，網紅也由最初的個人營運轉變為團隊經營乃至企業經營，逐漸建立起完整的服務體系。專業營運能夠更好地掌握市場需求，使網紅在短時間內吸引大批粉絲，同時，產品開發及供應也能更加高效。

比如曾受人追捧的網紅「金金」，她是一個普通的 90 世代女孩，在 2012 年開了自己的網路店鋪之後，與網紅培訓企業達成合作關係，得到其提供的產品開發、物流等各個方面的支持。

經過專業打造之後，「金金」的粉絲數量不斷上漲，在此基礎上，其店鋪的銷售額也迅速提升，一年之內就達到了上千萬元。

網紅經濟正處於快速發展階段，但從宏觀的角度來看，目前還未進入成熟狀態，未來會有越來越多的紅人涉足該領域，因此，網紅培訓企業的市場需求也會逐漸上升。透過簽約網路紅人，培訓公司的競爭優勢日漸明顯。

電商平臺對大數據資源的分析與處理，能夠為網路店鋪經營者提供精準的參考，便於其挖掘用戶需求。從某種程度上來說，其商業價值甚至超過流量本身。透過大數據的應用，網紅能夠更加準確地掌握用戶痛點。比如透過統計圖片瀏覽量，篩選出那些對用戶有強大吸引力的圖片，再參考相關產品的銷售數字及其他資訊，便對用戶需求有了更深入的了解，以此為經驗再進行相關品項的行銷與推廣。

為了更好地適應網紅經濟模式，電商平臺會在產品開發、宣傳通路等方面為網紅店鋪的經營提供便利。例如，根據網紅店鋪的需求，平臺會為其提供符合其風格特點的產品，同時，平臺還會透過明星店、人氣店、頻道等傳播方式幫助網紅擴大宣傳範圍。

(1) 簽網紅如同簽藝人

一般情況下，網紅培訓企業中設有專門的職位，負責連繫有潛力的網路紅人，並代表公司與他們簽約。工作人員會統一

收集這些紅人的資料，詳細了解他們的特點、優勢及個人營運能力。在具體合作過程中，簽約網紅與簽約藝人有很多共同之處，網紅培訓企業會根據對網紅能力的綜合評估（包括年齡、未來的發展走勢、吸粉能力等）來決定雙方的合作時間，通常維持在 5 到 10 年。

有的網紅雖然外表非常引人注目，但其本身的個性化特點不是很明顯，這時，與其合作的網紅培訓企業就會透過專業團隊的運作提升網紅的影響力，包括為其打造專屬的部落格內容、拍攝能夠吸引粉絲的網路影片節目，還有其他各種形式的廣告行銷等。

除此之外，娛樂圈中的一些知名公眾人物也開始嘗試這種合作模式。比如不少明星都有自己的網路店鋪，其營運過程都少不了培訓企業的支持。

(2) 預購模式改造供應鏈

近年來，預購模式被越來越多的網紅店鋪和培訓企業運用到了商品銷售的過程中。網紅在與粉絲進行溝通交流的過程中，掌握用戶需求及用戶對商品的反饋訊息，並將這些訊息反映給培訓企業，培訓企業則負責及時調整營運結構及流程，不斷滿足用戶對產品、物流及售後等方面的需求。具體而言，網紅根據自己對時尚潮流的掌握進行選款，之後由生產商製作商品的樣品，網紅以圖片形式上傳到社群平臺上，將商品訊息傳遞給粉絲，並對粉絲的意見進行統計，由此推算訂貨量。

預購模式的運用能夠有效減少店鋪的貨物囤積，但商品的物流運輸環節卻會消耗更多的時間，影響消費者的整體體驗。例如，由於店中缺乏現貨，用戶在下單一個星期甚至兩個星期後才能收到產品，這使很多消費者頗為不滿，最終選擇退貨並向店主抱怨。相比於採用預購模式的店鋪，現貨經營的店鋪退貨率要低 30 個百分點。

雖然說行行出狀元，但在網紅競爭日趨激烈的今天，能夠真正獲得成功的人畢竟只是所有參與者中很少的一部分。網紅培訓企業縱然能夠以專業化的營運提供各個方面的保障，但從最初的影響力打造到粉絲效應的形成，中間需要足夠的資金支持，而且，經濟收入的分配權掌握在培訓企業而非網紅個人手中，這就導致網紅實際到手的收入大大減少。

除此之外，隨著加入網紅產業的新人不斷增多，規模化的網紅培育必然導致同質化問題嚴重。為了從茫茫人海中脫穎而出，網紅必須改變僵化的思維模式，不斷凸顯差異化特徵及自己的優勢。

網紅經濟模式是在電子商務與社群平臺的融合發展下出現的，如今，不少傳統企業正在進行改革，企圖利用網路思維模式過渡到行動社群電商領域。這類企業應該積極學習網紅經濟的發展經驗，盡可能地減少改革過程中的阻力。總體來說，網

紅在整個過程中扮演著助推器的角色，他們作為流量入口，能夠吸引眾多粉絲並激發其消費欲望。但從長遠來說，專業團隊面臨更大的考驗，因為他們需要負責網紅整體形象的打造並確保日常經營。

造星計畫：網紅培訓器的四條運作路徑

隨著網紅經濟的興起，網紅培訓作為一種新業態湧現出來。為了顯示自己的競爭優勢，培訓企業紛紛推出網紅新星，那麼，他們的造星計畫有什麼規律可循嗎？

(1) 篩選意見大咖，到自建平臺集中培育

帳號的好友數量不能超過 5,000 個，如果這些好友中多數在現實生活中也互動交流，彼此之間的關係比較密切，認可度也較高，這樣在帳號中開展商務社群才能正常營運。隨著社群軟體應用的不斷普及，各種形式的社群、電商及自媒體逐漸在社群平臺興起，隨之而來的，是活躍在各個領域的意見領袖。比如電商達人、自媒體達人等。相比於一般的社群平臺，動態消息誕生的意見領袖與粉絲用戶之間的互動更加頻繁，用戶的信任度也更高。

網紅培訓公司利用社群平臺的優勢，從中找出具有發展潛力的合適人選。比如銷售能力傑出、能夠成熟營運團隊的電商；

擁有眾多粉絲支持的社群創建人或形象代表；能夠抓住用戶的興趣點並能創作優質內容的自媒體等。培訓公司會對他們進行專業培訓，最終將其打造成網路紅人。

以一家行銷工具公司為例，該工具適用於在社群軟體發布動態消息做商品推廣的微商，能夠使微商與目標客戶更好地匹配。該公司主要負責對微商的行銷技能進行指導，使他們進一步了解時尚潮流及搭配方法，以便能夠更好地抓住消費者的需求。

微商在加盟的時候，可透過心理測試明確自己的興趣與日常生活規律，並以此為參考選擇適合自己從事的產品行銷。該公司對消費者的需求訊息進行統計，利用智慧推薦技術對微商的行銷方案進行指導。相比於普通微商，網紅的品牌影響力更大一些，更能激發消費者的購買欲望，網紅培訓器的作用便是促成微商轉化為網紅。

採用這種模式的培訓公司能夠抓住微商的需求，促使其加入自己的培訓計畫中。而在培訓過程中需要注意的是，應打破傳統思維模式的束縛，不能只關注商品銷售，還要注重內容及價值的輸出，只有這樣才可能完成從微商到網紅的過渡。

(2) 篩選電商紅人，實現引流

社群平臺上從來不乏各個領域的意見領袖，很多人憑藉自身的魅力吸引了大批追隨者。在共同興趣愛好的作用下，各個細分領域的紅人誕生了。透過社群平臺傳播的訊息形式多

樣，包括文字、圖片、音樂影片等，同時，平臺具有更大的開放性，用戶之間的連繫不是十分緊密，因此，電子商務、影視娛樂、遊戲都可以利用社群平臺進行推廣。社群平臺的生態覆蓋範圍更大，發展空間也就更大。很多網紅利用社群平臺輸出個性化鮮明的訊息，吸引眾多粉絲的關注，再將流量轉移至店鋪中。

培訓企業從平臺中選出號召力強、與粉絲互動頻繁、具有強大凝聚力的紅人進行專業培訓，採用團隊化運作打造其品牌形象，側重於提高其變現能力。經過層層選拔後，留下那些能夠挖掘粉絲商業價值的網路紅人，以此提高企業及網紅的市場競爭地位。

在這方面做得比較好的培訓企業是為一家電商公司，該公司與網路紅人達成合作關係，為其提供包括產品開發及設計、貨物運輸及物流等方面的服務。另外，還提供各方面的資源支持，形成從最初的內容生產到電商經營的一整套服務體系。

這種培訓公司要求網紅具備很高的專業素養與能力，其粉絲數量需達到幾十萬。另外，網紅必須能夠以粉絲喜歡的形象將訊息內容表達出來。

(3) 頂級電商商家轉型：培訓電商模特兒

如今，很多電商網紅都是從最初的網拍模特兒發展而來的。在傳統經營模式下，模特兒的作用主要是透過形象展示對商品進行推廣，隨著網路的普及，模特兒的重要性也日漸突顯。模特兒本身的良好形象能夠對品牌的整體發展有巨大的推動作用，並促使商品的銷量大大增加。也就是說，模特兒的商業價值能夠進一步得到開發和利用，從模特兒轉型為網紅，也是其商業價值進一步開發的體現。

有經驗的經營商不僅意識到模特兒能夠為店鋪帶來的巨大價值，還知道如何打造並經營模特兒，如何確保整個產業鏈的正常運轉。因此，經驗豐富的電商能夠在掌握市場發展趨勢的基礎上，從中篩選出具有潛力的模特兒，透過建立網紅培訓公司，將自己的平臺、資源優勢與模特兒的個性化特徵相結合，推出符合粉絲口味的電商網紅。

在這方面做得比較好的一家公司不僅推出多個網紅，還成功引來投資人的目光。當網紅在臺前吸引粉絲時，該公司就在臺後負責產品供應、店鋪經營、客服等，雙方通力合作。

對於網紅來說，要進入這樣的培訓公司並不是一件容易的事情，他們需要有從業經驗，還要是同行中的佼佼者。

(4) 科技圈意見領袖轉型：培養網紅

當某個產業形態呈現出良好的發展勢頭時，就會成為某些專家、意見領袖、業內人士的分析對象。這些人通常在某個領域從業多年，有豐富的理論知識，對商業運行模式有深入的研究，手中掌握著各個領域的資源（如企業、研究機構、媒體

等)。他們以一個資深授業者的身分出現在人們的視野中，利用社群平臺發布課程推廣訊息，以語音或影片的形式為用戶講解專業知識與技能。他們能夠透過獨特的視角與訊息的傳達，開啟用戶的新思路，指引他們找到自己的發展方向。

科技領域的意見領袖站在時代科技發展的最前沿，他們能夠感知商業的發展動態，對當今的科技發展形勢了如指掌。因此，他們能根據當前的發展狀況，給出經營者極具價值的建議，幫助其在短時間內成功轉型。

這一類型的網紅培訓公司能夠從宏觀的視角看待科技產業的發展，他們的運作模式有一定的規律：一般來說，首先要了解網紅本身的風格、優勢、劣勢，接下來推出有針對性的培養計畫，提供各方面的資源支持，突出其優勢方面。該類網紅培訓公司能夠從整體上分析整個產業的發展狀況，將多種因素的變動及影響考慮在內，因此，能夠更加準確地分析出網紅經濟的未來走勢。

第三章
網紅變現：
多元化盈利通路的打造

3.1 影片變現：線上直播成爲網紅掘金的主戰場

直播時代：從秀場到造星的蛻變

隨著網路的高速發展及全面覆蓋，各種各樣的「網紅」出現在人們的視線中，而圍繞網紅所產生的商業鏈以及盈利模式也逐漸浮出水面，並被形象地描述為「網紅經濟」。龐大的粉絲族群、強大的話題能力、超強的變現能力已經成為「網紅經濟」的重要標籤。將成名變成生意、用一個月的時間賺 10 年的錢，這是依託網路崛起的網紅所面臨的重要機遇。

安娜是一位小有名氣的「網紅」，她在直播平臺上有 6 萬多粉絲。她在直播時，有上千名網友在評論區瘋狂點讚，螢幕飛快地滾動，短短幾分鐘，她就收到上千件禮物。她曾經在 3 個小時的單場直播中最高收到過價值 26 萬元的禮物，其中有 70% 來自她的忠實粉絲。

三年前，安娜還只是個房屋仲介，月薪 25,000 元，如今，安娜靠做直播、遊戲代言、參加演藝活動等，每個月的收入能達到 20 多萬元。事實上，網路上還活躍著幾十萬個像安娜一樣

的主播，一次直播的時間大概是 2 到 3 個小時，在直播過程中基本上要一刻不停地說話，一般就是自動地聊天，中間會穿插跳舞、唱歌等節目。

除了做直播，安娜還在公司的安排下做兼職模特兒、拍網路劇、為遊戲代言，並開始朝著影視的方向發展，這讓安娜與其他網紅主播逐漸拉開了距離，成為「網紅」中的佼佼者。

安娜從房屋仲介到當紅女主播的經歷，只是當下「網紅」產業發展的一個縮影，像安娜一樣因此改變命運的網紅不計其數，這不僅證明了「網紅」市場巨大的發展潛力，同時也創造了一種新的經濟形態。同樣火起來的還有一個名叫「小 p」的網紅，小 p 自稱是「集美貌與才華於一身的女子」，與多數女性網紅注重妝容和服裝不同，小 p 通常素顏出鏡。她將當下最熱門的問題，用吐槽的形式透過現象看本質，讓人醍醐灌頂，因而受到了眾多網友的追捧。

目前，小 p 的粉絲已經超過了 1,200 萬，影片點擊率更是突破了千萬大關。作為「年度第一網紅」，她走紅的速度不禁令人咋舌。網紅族群的強勢崛起，充分利用了行動網路的優勢。與傳統的造星培養模式不同的是，網紅可以在短時間內迅速成名，並且具有強大的變現能力。

時尚部落客在直播平臺的獲利通路

隨著網紅的興起，網紅店鋪也在市場上蔚然成風，在電商平臺上，網紅店鋪的數量已經超過 1,000 家，排在前 10 位的網紅店鋪年銷量都已經突破億元大關。排在銷售額榜首的店鋪由一位名叫「梨梨」的女孩經營，這個女孩除了是美女老闆外，還有另一個身分 —— 網路紅人的女朋友。2015 年「雙 11」當天，她的店鋪完成了 12 萬筆訂單，銷售額達到 2,000 萬元。

隨著網紅影響力的不斷提升，各大品牌開始邀請當紅部落客為品牌作宣傳，一名知名時尚部落客就經常受邀參加各種國際頂級活動。

網紅力量的崛起，讓越來越多的企業意識到網紅這股潮流所帶來的巨大商業價值，並且成為這一股力量的忠實追逐者。就連一向以「保守穩重」著稱的 Louis Vuitton 也開始嘗試打破常規，將電玩遊戲《最終幻想》中 19 歲公主的虛擬形象定為 2016 年春季的代言人，並顛覆傳統發布會的形式，將發布會辦成了一個 Cosplay 舞臺，吸引了眾多觀眾的注意。

Cameron Dallas 是一位靠拍攝無厘頭搞怪影片在網路上紅起來的網紅，他只有 21 歲，但是在 Instagram、Twitter、Vine 和 YouTube 上卻已經擁有近 3,000 萬的粉絲。

上述這些網紅可以歸為全職從業的「正規軍」，除此之外，還有來自各個領域和平臺的業餘網紅，他們在短影片平臺發布

自己拍攝的短影片，他們當中既有鄉村創作歌手、城市打工妹，也有中年大叔以及搞笑萌娃。在這個娛樂爆炸的時代，只要你有特點、足夠吸引人，就可以獲得大量的關注。

從本質上來說，網紅可以被劃入新一代知識工作者的範疇，他們與傳統明星最根本的區別就是成名的平臺不同。不管是網拍老闆，還是時尚部落客，他們都可以被稱為「網紅」，他們靠自己的天賦以及幽默風趣的表達方式獲得了一大批粉絲的喜愛，進而加快了網路紅利的變現速度。

有些網紅除了獲得實在的真金白銀之外，還在各自的領域確立了意見領袖的地位。儘管他們只是在自己的圈子中知名，但這絲毫不影響他們對粉絲的控制和影響力，其所發揮的傳播價值也得到了眾多品牌的認可。

網紅力量甚囂塵上的潮流吹響了時代變革的號角，網紅產業的崛起顛覆了傳統受眾接收訊息的習慣，傳統的內容生產方式逐漸被潤物細無聲的方式所取代，並升到一個新的高度。網紅已經完成了從「網路紅人」到明星的蛻變，未來的明星或將實現「網紅化」，逐漸走進大眾族群中間，並充分發揮行動網路的作用來提升影響力。

目前，網紅已經成為引領時代潮流的一股新生力量，並且受到了眾多投資人的關注。

A 公司在很早以前就發現了網紅潛在的利益空間，並將包裝網紅當作業務重點。同時，它也是最早尋求變現的公司之一，而今它已從網紅產業的發展中獲得了豐厚的回報。當紅主播安娜就是它旗下的藝人。

2009 年，A 公司內部創立了一個藝人經紀品牌，專門為遊戲公司打造「showgirl」，為遊戲吸引人氣。幾個人氣超高的漂亮女生都出自該品牌，她們還組成了遊戲公會，短短三個月就吸引了 10 萬用戶，一個月就創造收入 40 萬元。

後來，A 公司將公會中人氣最高的 showgirl 單獨運作，使其迅速占據遊戲產業搜索排名的第一位，該 showgirl 在 10 個月的時間裡為公司帶來了 270 萬元的純利潤。

此後，A 公司開始深耕網紅經紀的培養。過去，一些網紅儘管名氣很響，但是除了在一些活動和表演中露面之外，在其他活動場所幾乎看不到他們的身影，他們的變現通路比較少，一個知名網紅的月收入可能在 2 到 5 萬元。

而今，廣告、品牌代言、直播以及電商等都成為網紅創造收入的關鍵通路。一個知名網紅一個月的收入能達到 20 到 100 萬元，有的網紅為遊戲公司拍攝一天廣告就可以拿到 20 萬元。

比如 A 公司旗下的網紅鵬鵬，他從 2011 年開始做線上影片，包括搞笑類和吐槽類，那時支持上傳的行動影片網站並不多，分享通路也有限。鵬鵬成名很早，一條影片的點擊率常常超過幾十萬，但卻鮮有人找他做廣告，就算有也只是貼片廣

告，一條廣告的價格只有 2,500 元。

現在，鵬鵬利用以前累積的人氣做起了脫口秀節目，2014 年 2 月，A 公司在他的節目中植入了一條零食電商廣告，結果 20 天就為該店帶來了 26 萬元的收入。同時，諸如此類的網紅變現通路也越來越多。

國外的時尚部落客 Kristlna Bazan 在 Instagram 上擁有 220 萬粉絲，2015 年 10 月，她與巴黎萊雅簽署了一份合約，金額在七位數，絲毫不遜色於許多一線明星，幾近衝進產業的最高紀錄。

培訓器模式下，直播網紅的修練

如果不單獨考慮每一位網紅的知名度和影響力，而是將其視為一個整體，作為一個產業來看，網紅產業的從業人員規模已經非常龐大。其中，影片創作者和自媒體網紅由於主要發揮自己的創作才能，因而擁有更多的自主經營意識和議價權，而那些主要靠外貌來吸引人的電商和直播類的網紅，只要是有關商業運作的內容，都需要由背後的經紀公司來完成。

網紅經紀公司可以簡單地分為兩部分，即前端和後端，前端的工作主要是負責塑造和打理網紅形象、炒作新聞，確保網紅可以持續受到公眾的關注，而後端的工作則主要是做好供應鏈的變現。

國外為網紅提供服務的機構也來越專業。比如 Digital Brand Architects（DBA），它旗下已經擁有上百位知名時尚部落客，包括 Aimee Song、Chriselle Lim、Jamie Beck 等，DBA 主要為時尚部落客提供品牌接洽、公關以及數位策略等服務。

亞洲也形成了比較系統性的網紅培訓模式：供應鏈端建立服裝代工廠，與網紅品牌直接接洽；代營運端為網紅店鋪提供經營、發布新品、ERP 管理等方面的支持；經紀人端則為網紅做好行銷以及培訓等工作。

這樣的包裝方式前期需要投入大量的資金營運社群平臺帳號，為網紅做好推廣宣傳工作，因此電商公司的年銷售額要在千萬元以上才能保證盈利。通常，一個網紅最有人氣的時間只有 3 到 6 個月，因此雖然網紅培訓公司與網紅簽約的時間為 8 年，但是實際上幾乎沒有網紅能紅這麼長時間。

發展網紅經濟要分 5 步：

一、篩選出有天賦、素養好的個體，一般外貌出眾且很有才華的網紅更能吸引關注，這一關相對來說比較容易，因為後期包裝可以發揮很大的作用。

二、傳授網紅表現技巧，比如如何與鏡頭互動、找到拍攝更立體的支點、如何與粉絲溝通等，從而讓網紅能夠以最好的狀態出現在粉絲眼前。

三、網紅的才藝培養也非常重要。相對於靠才華，僅靠外

貌維持的時間要短得多，將更多高品質的內容回饋給粉絲，這樣才能始終吸引粉絲。

四、網紅要想紅得久，還應該持續曝光並擁有豐厚的媒體資源。因此，網紅培訓公司不僅要幫助網紅經營社群軟體，還要為其打通對外的通路資源，並為其爭取參加綜藝節目等的機會，從而提高知名度。

五、藝人周邊的產品鏈也是未來網紅經濟發展的重點之一，比如在麻將遊戲中植入網紅本人出演的影片與平面照片等。一家傳播公司旗下的經紀品牌目前已經形成了一整套培養網紅的、包裝以及經紀體系，公司估值達到 3 億多元。其藝人養成以及訓練計畫已經獲得眾多投資人的肯定。

目前，在網紅這個「速食式」的產業中，成名很容易，長期保持下去卻很難。真正紅得久的網紅往往都非常勤奮，並且有頑強的意志力以及強大的夢想作支撐。

比如一名服裝電商網紅，其店鋪中在國外拍攝的服裝樣片隨處可見，雖然這些照片看起來隨意、輕鬆，但是每一張照片通常都是從拍攝的上百張照片中挑選出來的。

美國短影片平臺 Vine 上的紅人 Cody Johns 和 Marcus Johns 兄弟也曾提到，雖然一段影片的長度只有 6 秒，但是他們卻經常需要花費 4 個小時才能完成，而且為了提供粉絲更加豐富的影片內容，他們經常開車去各地選景、買道具。

因此，網紅培訓公司在培養網紅時應該讓其不斷學習、不斷進步，不僅要關注自己的外形，還要培養自己的才藝，比如舞蹈、主持、唱歌或者遊戲等，始終保持標準的儀態，在公眾面前維護好自己的形象。同時，網紅還要加強與粉絲的溝通和互動，不斷推出影片、文字等內容，提高創新意識，以便在表演等才藝上更上一層樓。

轉型新藍海：開啟 UGC 網紅影片模式

隨著網路的普及以及網紅產業的繁榮，傳統的傳播和造星模式已經無法滿足時代發展的需要。網紅在崛起以及備受矚目的同時，其產業內部也在經歷著急速的更迭和優勝劣汰。在 2015 年崛起的網紅勢力中，除了電商平臺上的美女之外，還有各種部落客，他們每篇文章的點擊量能達到 10 萬以上。

隨著各個網路紅人之間的激烈廝殺，圖文內容領域的創業已呈現一片紅海，於是 UGC（User-Generated Content）短影片成為變現空間更大、發展速度更快的模式。現在，越來越多的網紅開始轉戰 UGC 影片。

美妝達人 Michelle Phan 透過在 YouTube 定期上傳 3 分鐘的美妝教學，迅速建立起自己的化妝影片平臺 Ipsy。同時，她還推出了 EM Machelle Phan 化妝品系列、建立了 FAWM 女性影音頻道、出版了自傳、成為知名品牌蘭蔻的代言人等，為其他網

紅樹立了良好的榜樣。

YouTube 從 2015 年 10 月開始向用戶推出了 YouTube Red 付費服務，用戶只要付費，就可以享受到無廣告等會員服務，同時還可以看到 YouTube 上一些網紅的獨家內容，這也是 YouTube 吸引用戶付費的最大看點。

目前市場上培養網紅的平臺主要是社群媒體。而變現能力最強的是直播平臺，其中包括遊戲類平臺、秀場類平臺。與秀場平臺較穩定的收益模式相比，遊戲類平臺由於需要購買大量流量，因而虧損的風險較大。

隨著網紅勢力的逐漸強大，各種各樣的新興網紅平臺將不斷出現。不過，由於網紅平臺領域的寡頭已經形成，很多網紅平臺將面臨與傳統平臺相同的命運，後來者很難再從競爭中瓜分到可觀的利益，行動端直播平臺將成為下一個趨勢。

比如直播網紅更多是在房間裡直播，而隨著行動端平臺的流行，觀眾會看到更多的室外直播場景，包括滑雪、高空彈跳等室外活動，這將進一步豐富了直播的內容形態。

除了平臺的創新之外，內容的創新也會為網紅們創造更大的發展空間。直播將成為未來的一種潮流，錄播時代的商業模式將全部在直播時代輪番上演，錄播時代有傳統傳媒等公司為愛奇藝等平臺提供內容，在未來的直播時代也將產生像上述這些明星公司一樣的內容提供者。

網紅們已經吹響了直播時代的前奏，儘管他們提供的內容就目前來看還比較簡單、粗暴，但是他們帶來的劃時代意義是不可否認的。

未來的直播將不再侷限於美女在線聊天這種形式，可能會出現一些真正的直播節目。讓粉絲可以直接在線支持自己喜歡的歌手，行動端直播平臺的變現能力將遠遠超過當前以廣告為主的電視節目。到那時，粉絲不僅可以直接送禮物給自己喜歡的選手，也可以參與即時互動，甚至可以向選手提出要求，這樣的活動形式在增加與粉絲互動的同時，也對內容製作商提出了更高的要求。

目前已經有公司嘗試召集網紅做直播秀場，不過才剛具雛形，但是從粉絲的參與熱情來看，這一活動形式在未來必將釋放出巨大的能量。

當前，還沒有任何一家巨頭公司願意去嘗試和突破，一是因為製作困難；二是因為直播平臺還沒有足夠多的用戶以及變現方式，沒有充足的資金支持，很難完成大型在線直播節目。但是這一趨勢已經形成，未來的發展讓我們拭目以待。

謹慎保守的傳統公司為了避免風險，不願意進入陌生的市場，但是隨著直播平臺的深入發展，直播平臺也會經歷重新洗牌，原有的格局將會被打破，新的內容公司將出現並重新占據娛樂巨頭的地位，這將成為未來兩三年內直播平臺的一個趨勢。

3.2 流量變現：紅利時代的網紅盈利法則

社群媒體時代，網紅的基本變現模式

網紅經濟在大行其道的同時，使多個產業發生了顛覆性變革，人們的工作及生活也因此發生了巨大的改變。2014 年，自媒體經濟掀起的狂潮退卻後，社群經濟在 2015 年成為萬眾矚目的焦點，2016 年，網紅經濟接過交接棒後進入爆發式增長。

(1) 社群圈裡的網紅，從直播平臺到同款訂製

透過的才藝表演、獨特的生活品位等打造出人格化的品牌形象，在社群媒體平臺、影片網站持續創造並傳播優質的內容，是網紅得以完成價值變現的關鍵所在。

社群軟體的泛社群模式，為網紅透過訊息分享而吸引外界的關注提供了優良的環境，使其內容的創造、傳播及消費都可以快速完成。直播讓粉絲與主播可以透過網路進行即時互動，極大地提升了粉絲的忠實度及歸屬感，從而粉絲會主動幫助網紅進行行銷推廣。由拍攝的短影片，與網路時代內容消費需求

行動化、碎片化及個性化的特徵實現完美融合。這些短直播平臺擁有極強的訊息傳播能力及粉絲聚集能力，成為網紅發展壯大的有效途徑。

網紅透過開設網路店鋪將龐大的粉絲流量導入電商平臺，從而完成價值變現。網紅透過官方帳號、粉絲團等與粉絲進行互動，將行銷推廣訊息融入其中，在帶給粉絲良好體驗的同時，也達到了預期的行銷效果。

以女裝類產品為例，網紅店鋪主要透過向粉絲出售網紅的同款訂製產品完成價值變現。網紅自己擔任服裝模特兒向粉絲展示其獨特的搭配風格，在產品尚未製作完成時，許多款式已經被訂購一空。那些一年交易額過億元的網紅商家皆屬此類。

（2）Instagram、Tumblr式流量分成

在美國，以 Instagram 和 Tumblr 為代表的圖片社群網站吸引了大量的用戶。相對於文本訊息，圖片可以傳播的內容更為直觀，具有良好的閱讀體驗及視覺效果，更容易打造消費場景，從而快速完成價值變現。

時尚、個性、潮流的網紅，在圖片社群網站分享自己的穿衣風格、搭配經驗等訊息，從而累積了大量的粉絲，最終發展成為某一細分領域的時尚達人，為完成價值變現打下了堅實的基礎。而透過自己開設的店鋪或者為其他店鋪代言的形式，網紅可以獲取一定的收益。

由於網紅在粉絲中的強大影響力，其引爆一款產品已經稀鬆平常。這類網紅有的年收入上百萬元，有的甚至達到上千萬元。在整個的營運流程中，網紅的角色定位一般是產品代言人，店鋪營運可以交由專業的團隊或者合作商家負責。

(3) 網紅的基本變現模式：廣告、贊助、出書等

網紅的核心價值在於其塑造的品牌形象。網紅透過向粉絲分享自己的才能、個性及價值觀，逐漸打造出自己的品牌形象，然後透過電商、廣告、商演、出書、實體店、參加節目等形式完成價值變現。

在社群平臺上，有名的網紅頭條廣告單則標價 25.5 萬元；小 p 發布的每個影片短片都可輕易獲得上萬個粉絲的點讚，影片點擊量在幾分鐘內即可達到 10 萬以上；微商與創業網紅及近百名網紅一起出版了紀實類書籍，該書記載了多位網紅創業的過程……這些都顯示了網紅強大的影響力。此外，為了解決網紅電商供應鏈管理方面的不足，許多網紅開設了實體店面，以便為消費者提供更為優質的服務。

由網紅經濟塑造的全新的網路經濟模式，引領了價值變現的新潮流。未來，網紅變現的方式將更加多元化，網紅經濟必將爆發出巨大的能量。

「網紅＋電商」模式背後的商業邏輯

近兩年，網紅電商的崛起及層出不窮的網紅變現方式，讓「網紅」一詞成為社會各界關注的焦點。網紅電商究竟有何魅力？其背後又有著什麼樣的商業邏輯呢？

（1）網紅電商化

以前，明星想要獲得成功需要依靠傳統媒體進行包裝宣傳，與傳統媒體相比，網路媒體的造星能力具有明顯的優勢。

網紅電商的不斷發展，其實是電商業態多元化發展的必然結果。席捲全球的電商模式在發展相對成熟後，用戶流量得到極大程度的開發，各種新興業態層出不窮。當資本湧向網紅時，網紅電商的出現也就順理成章了。

要想成為一名網紅，首先需要對自己及用戶族群進行定位，找到自己擅長的領域及目標族群。在行動網路時代，種類繁多的網路平臺劃分出了多個族群，而對於網紅來說，需要從複雜多樣的族群中找到是認可自身優勢的族群。網紅想要獲得成功，需要將其自己做的事看作是承載自己人生價值的事，尊重並認可網紅這一角色。而且，隨著競爭的壓力越來越大，網紅需要進行專業化培訓。

為了完成價值變現，網紅需要實現商業化。如同明星能夠獲得較大的影響力，絕不僅僅是因為某一特定的事件或者其出

演了某部經典影視劇，而是經紀公司為其構建了一套完善的商業體系，使其能夠在合適的時間出現在合適的地點，從而獲得持續關注度。網紅也是如此，要與商業體系結合起來，才能擁有更為長久的生命力。

因此，網紅電商化概括起來就是網紅職業化，在接受專業化培訓的同時，還要完成商業化的轉變。與明星相比，網紅在商業化程度上應該是有過之而無不及的，明星要受到電視節目的制約，而網紅是在網路上與粉絲即時互動溝通，實施商業化的空間較大。

具體來說，網紅電商化的實現過程需要以下幾個步驟：

定位，進行目標族群的精準定位，貫穿於網紅的整個生命歷程。如果沒有精準的定位，網紅的成功就變成了機率事件，因為在不同的族群中能夠成為其粉絲的人數存在明顯差異，有可能這個族群中只有幾十人、上百人，而在另一個族群中卻有幾萬人甚至幾十萬人。

藉助各種網路媒體提升自己的知名度，從而在更大的範圍內產生較強的影響力。但網紅也必須確定一個主要的發展平臺，並在該平臺上精耕細作。

網紅與電商結合。透過網紅電商化，拓展產業鏈的深度及廣度，建立完善的產業鏈，讓更多的用戶參與進來，發揮協同效應，從而累積更多的粉絲，並持續輸出商業價值。

(2) 品牌化和銷量，不同訴求下的網紅邏輯

很多企業希望透過品牌的影響力來帶動銷量的增長，但實際上，品牌進行互動行銷的效果卻越來越差。一般來說，企業採用網紅行銷，無外乎兩個目的：提升品牌影響力、開展互動行銷。

提升品牌影響力就是要提升企業的知名度，樹立企業在該領域的威信。此時，網紅行銷的邏輯，是讓網紅以專家的身分向消費者證明企業產品的優勢，當然也可能是在媒體節目上不著痕跡地宣傳企業的產品，從而讓企業的品牌取得消費者的信任。這就要求企業在選擇網紅時，必需找該領域的專業網紅。

網紅開展互動行銷相對比較簡單，因為他們是自帶通路及流量。企業如果想提升產品的銷量，只需找到與目標客戶族群相對應的網紅，讓其在與粉絲互動的過程中加入產品的相關訊息，即可有效帶動產品銷量。

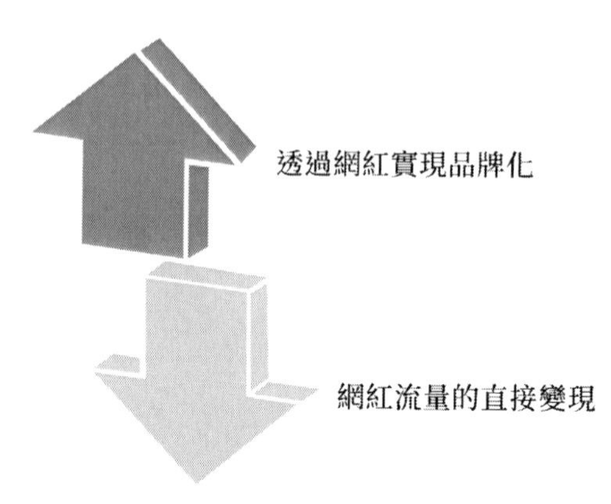

圖 3-5　企業選擇網紅的兩大邏輯

不難發現，如今代表性電商平臺正在被細分化，其優勢開始逐漸減弱。從這個角度來看，推出紅人店、達人店，是電商平臺對於日益火熱的零售電商所採用的一種應對策略，透露出它們對用戶流量被網紅族群主導的擔憂。

品牌化與零售流量的差異性，決定了企業在選擇網紅時的邏輯。

一、 透過網紅實現品牌化

在網紅出席商業活動、參加綜藝節目，或者出演一些熱門改編的影視劇時，將企業的品牌與之捆綁，可以有效提升企業的品牌形象。當企業打響自己的品牌後，再配合一些促銷活動，企業產品的銷量自然會獲得大幅度增長。

二、 網紅流量的直接變現

無論是社群軟體平臺，又或者是影片網站等等，都是網紅流量變現可以選擇的途徑。這要看網紅主要在哪個平臺上活動，網紅透過在自己活躍的平臺進行推廣即可完成價值變現，這也正是自帶流量及通路的網紅族群的一大優勢。

社群經濟下的「網紅＋電商＋場景」模式

社群經濟在網路領域早就存在，但是由於缺少配套的生態機制，沒有真正爆發。

有人存在的地方就會有社群，相應的也會有市場。社群經濟發展初期，其用戶群是以興趣為中心建立起來的鬆散組織，沒有有效的連接通路，導致其蘊含的價值無法釋放。

BBS 時代，特定區域、愛好、職業等形式的社群組織形成。社群中有較大話語權的意見領袖，一般擁有深厚的專業知識、資深的從業經驗、較高的社會地位等，但 BBS 的形式十分單一，僅有文章列表及內容兩個頁面。另外，BBS 無法有效解決網路使用者的個性化需求，其重點沒有放在用戶營運上，而是更加注重內容的生產。經過一段時間的發展，BBS 產品很快遭遇發展瓶頸。

BBS 的運行機制，注定了一段時間後，其用戶活躍度會降低。BBS 上雖然形成了社群，但是還沒有上升到經濟層面，一些想要進行商業化嘗試的發文，也都被當作垃圾文章而刪除了。

部落格的出現，讓社群經濟得到真正爆發。部落格憑藉在門戶時代累積起的強大影響力，引導全國各地、各個領域的專業人才在部落格上分享自己的資訊。關注、點讚、評論、分享等功能，徹底激發了網友參與資訊傳播的熱情。

一個小小的追隨按鈕，讓社群經濟中人與人之間的連接方式產生了巨大的變化，社群中的價值流動與現實世界開始接軌。不同興趣愛好、職業、年齡、地域的人都能在其中找到適合自己的社群。

小米的成功在於抓住了時代發展的浪潮，B2C 電商的快速崛起、智慧型手機時代的來臨及社群網路的行動化及社群化等，都為小米的發展壯大提供了優質的生長環境。再加上小米創業團隊的創造力及想像力，憑藉「社群經濟＋電商」的小米獲得了巨大的成功。

小米的社群化營運，使其在與同產業競爭對手的競爭過程中擁有絕對優勢，動態供應鏈、口碑行銷等引領了行動網路時代的一次次變革。但是，外界將目光過度集中在小米的社會化行銷方面，沒有認知到小米的社群經濟模式是建立在以生產力變革為導向的生產關係創新之上的。嚴格意義上來說，社群經濟並不屬於行銷領域，它是網路時代的一種新興經濟。

2015 年，「網紅」成為一大熱門詞彙。從本質上來看，網紅電商是社群電商的一種衍生形式，作為意見領袖的網紅，在特定的領域內具有較大的話語權，網友在與其交流互動的過程中建立了信任感，在這種情況下自然可以創造出巨大的價值。

網紅電商也是時代發展的一種必然結果，隨著同質化的商品越來越多，人們需要專業人士幫助自己選擇合適的產品，如果有該產業的資深人士能夠幫助自己，人們必然會與其建立良好的信任關係。

但是想要人們購買產品，還需要盡可能地創造消費場景。企業創造的各種各樣的消費場景，已經發展成為引導人們購物的重要工具。對於不同的產品來說，適合採用的場景也存在著明顯的差異。那麼，在這種「網紅 + 電商 + 場景」的全新商業模式下，企業又該如何挖掘其潛在的巨大價值呢？

人們生活中的所有活動似乎都可以成為企業切入的消費場景，比如人們在公車站等車、在街上購物、在星巴克喝咖啡等。藉助於人們隨身攜帶的手機及行動網路，商家可以盡情地發揮自己的想像力，開發出盡可能多的消費場景。

許多產品，尤其是應用程式，隨著版本的不斷更新，其提供的功能越來越多，創造的消費場景也越來越多。很多時候，當你更新完一款程式後會驚奇地發現，那些原來沒有清晰的盈利模式的產品，在新增某一功能後，盈利模式就十分清晰了。

產品能夠流通交易，才能創造價值，所以場景中的產品必須要具備流通的屬性。在企業構建的消費場景中，必須要實現人與人及人與商品之間的連接，只有這樣才能完成場景交易功用，最大限度地獲取回報。不過，在 PC 網路時代要想完成交易，的確存在著難以解決的困難。但在行動網路時代，這種情況發生了根本性的改變，行動支付、即時溝通讓行動交易成為現實。

3.3 粉絲變現：提升粉絲購買力，釋放網紅經濟潛藏的能量

網紅多元化時代的「明星效應」

透過社群平臺的應用，網紅獲得了粉絲用戶的支持，個人影響力不斷提高，之後便開始尋找盈利通路，一些人透過經營電商取得了成功。近幾年，很多網紅透過經營電商獲得了高收入，而且不少網紅店在電商舉辦優惠活動期間成為銷量冠軍。

對於網紅來說，最重要的就是粉絲營運。在網路與行動網路迅速發展的今天，社群場景已經與傳統模式有很大的不同，聚集粉絲的通路與方式也更加多元化。很多普通人利用社群平臺，透過內容輸出吸引了大批粉絲用戶的關注，迅速在網路平臺上走紅。無論是在娛樂產業、體育領域，還是在經濟等各個領域中，都有用戶追捧的紅人，他們透過社群平臺的應用實現了流量變現。

(1) 社群平臺發展下的網紅多元化

隨著網路的發展，藉助網路平臺走紅的人越來越多，在現代社會中，網紅的多元化特點也愈加顯著。

網紅都是利用影片發布吸引用戶的關注，隨著粉絲數量的增多，他們的曝光率也逐漸上升。另外，很多影片網站的主持人也累積了大批粉絲，一些遊戲解說員也藉網路遊戲的升溫而走紅。

同時，其他領域的自媒體也在透過粉絲營運累積流量。例如，一些作家在社群平臺上傳自己的文章，獲得讀者用戶的支持；一些專業水準較高的原創影片內容在影片平臺上走紅等。網紅們不僅獨立推出影片內容，還設立了專門的會員機制，建立了商城，並透過其他社群平臺與粉絲進行互動，在用戶群中樹立了良好的形象。

網紅是如何發展起來的呢？實際上，網紅的發展可以歸結為兩點：不僅要靠自身的力量，還要靠平臺的營運。

比如各個領域的主播，大多數平臺設立了完整的主播培訓系統。專業度、知名度較高的主播月收入可超過 10 萬元，特別出色的甚至能上百萬。導致這種現象產生的因素有很多，主要有以下 3 方面：第一，人物本身具備個人魅力，其發布的訊息內容能引起用戶的共鳴，用戶認可其專業能力或特長；第二，有關鍵力量的推動，比如藉助網路平臺的優勢；第三，環境的

推動作用，社會風潮的引領作用。通常情況下，網紅的影響力首先體現在他所聚集的小規模圈子中，之後再擴大到更大範圍。

(2) 粉絲經濟模式中的盈利多元化

粉絲經濟模式下的盈利方式主要有 3 種。

一、透過經營網路店盈利

網路店的經營者來自各行各業，有設計師、攝影師，還有當紅的網路主播、遊戲主播、媒體人等。無論從事哪種職業，他們的共同點在於，擁有大批粉絲用戶的支持，且用戶的依賴性很強。網紅店經營者與消費者之間的關係不僅僅是簡單的賣家與買家的關係，他們還與消費者保持著頻繁的交流互動，消費者多為他們的粉絲，並出於對他們的喜歡與崇拜而購買他們的產品。一般情況下，網紅店不會出現嚴重的貨物囤積現象，因為他們的商品非常受歡迎，能夠迅速銷售完，而且，有些網紅經營者會採用預購模式。

以服裝為主導的網紅店，有以下兩種經營方式：一種是獨立營運，即經營者負責產品款式的挑選、搭配以及採購等全部流程；另一種是加盟大型企業，有很多大型企業會透過網路平臺尋找影響力較大的網路紅人，並藉助其推廣力量進行產品宣傳。兩種經營方式中，獨立營運的店要多一些。

MISS 是一位人氣主播，她在電商平臺開了自己的店鋪，經營遊戲類商品。她的主要營運方式是：以影片形式推廣遊戲配備、帳號等相關產品，玩家直接從廠商購買產品。網路店是很多遊戲主播的重要盈利通路，而且，為了吸引更多粉絲用戶與遊戲玩家，她們會提供部分優惠甚至免費內容。

二、靠粉絲贊助獲得收入

如今，用戶透過線上軟體就可以贊助自己的偶像。事實上，很多網路平臺在之前就設有贊助功能，只是不能進行支付。在行動網路時代，贊助逐漸成為粉絲經濟的盈利方式之一。

網紅的影響力與帶動性都很強，很多粉絲用戶以贊助的方式表示自己對他們的支持與喜愛。據真人互動直播平臺的統計結果顯示，2014 年，超過 60 人的支付額度達到 50 多萬元，平均支付額度達到 35 萬元的大約有 200 人，甚至有一個人贊助了 400 多萬元。

三、透過廣告宣傳盈利

在現代資訊社會，廣告普遍存在於各大平臺，無論是哪個平臺都會出現商品推廣訊息。廣告價格的高低取決於網紅聚集的粉絲規模、宣傳力度及推廣模式等。大部分自媒體經營者採用的方式是，根據粉絲用戶的共性與愛好，不斷挖掘其內在需求與潛在的商業價值，沒有固定的商業模式。當累積的粉絲用戶越來越多時，就會有企業或中間商主動連繫並尋求合作。

內容是基礎，對於網紅而言也是如此。在長期發展過程

中，網紅需要進行內容的持續更新與輸出，保持用戶的忠誠度，防止其在後續發展中逐漸流失。

網紅經濟時代粉絲變現的三個步驟

雖然網紅是以個體形式與粉絲用戶進行交流互動的，但大多數情況下，網紅是由專業團隊營運的，整合團隊成員的優勢力量，用於網紅的宣傳與推廣，能夠聚集更多的粉絲，並集成規模，最終實現大規模流量的商業價值。例如，不少紅人店主擁有大批追隨者，他們非常認可網紅對時尚潮流的掌握，因此，網紅看好的產品也會激發他們的消費欲望。

統計結果顯示，由網紅經營的店鋪，每天出售的熱銷款產品大約為 5,000 件。假設每件商品的利潤為 100 元，那麼該店鋪在一天之內獲得的利潤額就是 50 萬元。

同時，網路店中有很多商品是搭配在一起出售的，比如上衣與短裙，這種銷售模式就能獲得更多的利潤。但參與利潤分享的並不只是網紅一方，還有網紅背後的策劃及營運人員、進行品牌推廣與宣傳的行銷人員，以及在網紅與合作電商企業之間搭建橋梁的人等。

網紅經濟模式要經歷品牌包裝、推廣行銷以及粉絲經濟變現 3 個步驟。

圖 3-7　網紅經濟粉絲變現的 3 個步驟

(1) 品牌包裝

雖然網紅屬於個人品牌，但其建立和發展與企業有很多共同之處。比如，都要明確自身的特點與產品屬性、確定客戶族群的範圍、掌握用戶的需求、在發展過程中樹立良好的形象、提高自己的聲譽等。另外，還需了解同領域內其他競爭者的優勢，所以，僅靠一個人的力量很難完成這些複雜的工作。

不少知名的網紅都是由專業團隊策劃並推出的，團隊各成員有各自明確的分工，透過共同協作完成整個營運。網紅則負責出現在鏡頭中，以直觀的形式將所有訊息內容傳達給粉絲及觀眾，而給粉絲留下最深印象的，自然也是網紅的個人魅力。

(2) 推廣行銷

網紅從內容生產者那裡拿到自己要播出的內容，將其唯妙唯肖地表達出來並錄製成完整的節目，接下來要做的就是充分發揮平臺的推廣作用，進行節目的播放與行銷，同時，要與粉絲進行交流與互動。

為了達到理想的宣傳效果，團隊不僅要選擇恰當的推出通路、宣傳方式，還要注重與粉絲之間的交流與連繫，這個環節的工作量很大。試想一下，某個網紅的粉絲規模達到上百萬，粉絲會透過社群平臺與自己的偶像進行互動。為了提高用戶黏著度，網紅需要與粉絲保持連繫，但僅憑一人之力是無法完成這項繁重的任務的，因此，必須有專門的團隊成員負責這個工作。

(3) 粉絲經濟變現

網紅的品牌打造與推廣行銷完成之後，第 3 步要做的就是深度挖掘粉絲用戶的需求並實現其商業價值，這個環節對執行者的工作能力及素養要求較高。工作人員需要選擇容易被粉絲接受的商業模式，選擇恰當的推廣方式，還要謹慎選擇合作企業促進粉絲經濟的變現，這些操作非常考驗負責人的營運能力。

因此，採用網紅經濟模式並不意味著經營者必須將自己塑造成萬人追捧的網紅形象，甚至自己都不必出現在鏡頭中，最關鍵的是，改變傳統的思維模式，使企業的業務結構與品牌行銷模式更適合時代需求。無論經營者什麼定位，都有可能透過網紅經濟模式的運用提升價值。

既然網紅的存在由來已久，為何網紅經濟直到近年才釋放出潛在的能量呢？立足於行動網路時代的訊息推廣及用戶的消費習慣來分析，這個問題即可迎刃而解。

在網路時代，PC 始終是用戶查詢資訊、瀏覽資訊及製作並推廣新內容的主要管道，進入行動網路時代後，越來越多的用戶從 PC 端遷移到行動端。用戶獲取資訊的管道更加多元化，所受的時空限制也越來越少。長期以來，圍繞傳統媒體形成的「一對多」的傳播方式受到了巨大衝擊，用戶的地位逐漸提高。

在行動網路時代，用戶的消費行為及消費習慣呈現出新的特點。隨著生活節奏的不斷加快，人們用於訊息瀏覽的時間變得愈加分散，其消費行為也呈現出明顯的個性化特點。傳統「一對多」的傳播方式已經無法滿足用戶的需求，而網紅能夠聚集擁有共同興趣愛好的用戶族群，也更能抓住用戶的深層次需求，因此，網紅經濟發展迅猛。

如今，透過不斷普及，網路社群平臺成為用戶的集中分布區域。網紅作為社群達人，利用社群平臺與用戶進行情感交流與互動，使用戶認可自己、信任自己，他們在深入掌握用戶需求的基礎上，為他們推薦時下流行的商品，激發他們的購買欲望，實現粉絲經濟的變現。可以說，是技術的發展，推動了經濟模式的創新。

綜上所述，網紅經濟模式是有史可循的。透過分析西方已開發國家的知名老牌企業可知，很多企業都以創始人的名字或家族姓氏為品牌形象。對於消費者而言，對名字的認同足以讓他們在面臨選擇時下決心。

網紅經濟在 2015 年以及 2016 年發展得十分迅速，但這並不代表這種經濟模式已經到達巔峰狀態，隨著行動網路的深入發展，會有越來越多的人加入網紅隊伍中。另外，對於企業而言，他們也會借鑑網紅經濟的發展模式，在品牌中融入個性化特徵。眼下無論是網紅還是處在網紅經濟模式下的企業，都應該透過改革自身品牌，獲得更多粉絲用戶的支持並提高粉絲黏著度。

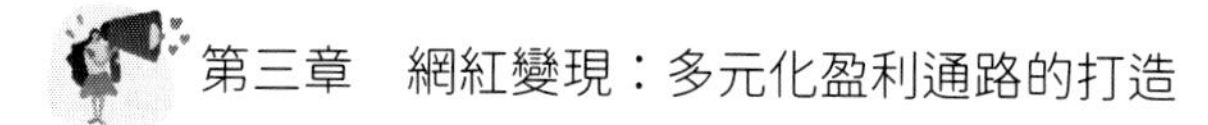

第四章
網紅電商：
新型電商模式的崛起與發展

4.1 電商網紅：融合經濟與電商的營運之道

網紅＋電商：締造電商新型生態圈

網紅之所以能夠迅速崛起要益於網路的迅速傳播、放大以及廣大網友的追捧。放大效應是網路的核心功能之一。現實生活以及網路上的某些人的某種行為或做的某件事在網路的作用下被放大，因其符合一部分網友的審美觀、價值觀、娛樂觀等，從而備受追捧，並最終成為「網路紅人」。

網紅的快速發展已經推動其走向了專業化運作的道路，網紅不再是無意識的走紅，而是網路推手、媒體以及受眾心理需求等綜合作用的結果。

(1) 網紅發展爲粉絲經濟，並有效進行電商導流

隨著一大波網紅的襲來，網紅已經從一種社會現象變成了一種經濟行為。現在的網紅已經不是單純分享及受人追捧那麼簡單，而是透過與服裝、化妝品以及實體店等的結合，實現了社群資產的變現。

著名的網紅小V，透過提供各種各樣的服裝搭配，受到了眾多粉絲的追捧，在開設自己的網路店後，引領了一股「小V同款」的潮流。

網紅本質上代表了一種對個性化的追隨，網紅經濟隸屬於粉絲經濟的範疇。隨著網紅族群影響力的不斷提升，網紅的覆蓋範圍也不斷擴大，已經逐漸延伸到了各個細分領域，比如動漫、美食、旅遊、遊戲、健身等領域都出現了網紅。從單領域延伸到多個細分領域的行為，表明網紅是一種滿足大眾個性化需求的表現形式。現在的很多網紅已經實現了公司化，專注於經營網紅品牌。這些公司少則十幾人，多則幾百人，透過經營網紅品牌將品牌滲透進後端的整個供應鏈體系中。

流量對電商平臺而言具有重要的價值，而為電商平臺導流則是網紅的作用之一，目前電商導流已經演變成內容營運。網紅利用自己對粉絲的影響力，推動電商站外的流量變現，除了開發電商站內的粉絲經濟之外，網紅還發動粉絲的力量吸收更多外來的流量。過去，網紅可能只是在網站上分享一些熱門款，而今，網紅大都走上了自己開店、自主經營品牌的道路，並開始注重供應鏈的管理和經營。

(2) 網紅經濟價值凸顯，市場容量巨大

網紅經濟的快速崛起從電商平臺上可見端倪，在電商平臺上，網紅店鋪已經蔚然成風。

截至 2015 年 12 月，一家電商平臺上的網紅數量已經達到了數百位，追隨他們的粉絲超過了 5,000 萬。他們透過社群平臺聚攏了一大批粉絲，並引領了時尚的潮流。網紅在電商平臺上推崇預購以及訂製，輔以商家強大的生產鏈，構成了網紅經濟獨有的商業模式。

除了服裝領域，網紅經濟在其他領域也有巨大的發展空間。人們生活涉及的層面豐富多樣，在網路時代，只要有一技之長或者在某個領域有特殊影響力，都有機會做網紅，除了美女，攝影達人、遊戲高手等擁有固定粉絲族群的人，也有潛力影響粉絲的消費行為。

因此，網紅經濟在電子競技、旅遊以及母嬰用品等產業也實現了廣泛滲透，並使各個產業發生了巨大的變革。未來在這些領域，網紅經濟會迸發出更大的發展潛力。

(3) 網紅經濟仍有成長空間

在巨大的利益誘惑下，將會有更多人進入網紅經濟市場，未來網紅經濟還將快速增長。知名網紅憑藉漂亮的容貌、姣好的身材、前沿的時尚眼光以及獨特的服裝搭配，在社群平臺上網羅了大批的粉絲，並透過電商平臺將粉絲流量變現。

在豐厚回報的吸引下，未來會有更多網紅投入到網紅品牌的經營中，進一步推動網紅經濟的發展。

服裝品牌「Zara」緊跟當下流行趨勢，滿足了消費者對時尚的追求，因而受到眾多消費者的歡迎，未來有望實現進一步擴張。傳統的服裝企業一般都遵循這樣一個運作流程：設計師設計產品 —— 工廠生產 —— 實體店鋪貨銷售，這樣一來就延長了商品的周轉時間，很容易錯過最佳的銷售時機。而以 Zara 為代表的快時尚品牌追求的就是「快」，他們採用買手模式，將品牌中暢銷的款式迅速下單生產，並快速完成配送、出貨，順應了消費者時尚需求快速變化的趨勢。

網紅店鋪也像很多快時尚品牌一樣，採用了相似的經營模式，以粉絲的評論反饋為參考，減少挑選款式的時間，並盡快下達生產訂單，快速配送，在有現成布料的基礎上，最短只要一週的時間，粉絲們就可以得到夢寐以求的網紅同款。年輕的消費族群更容易產生衝動消費和感性消費，而產品的快速周轉就是利用了消費者的這一消費特性，因而能夠實現迅速的推廣和普及，未來網紅模式將會是一個爆發期。

網紅店鋪「野蠻生長」背後的邏輯

在電子商務領域，網紅經濟的熱度可謂是居高不下，各種網紅店鋪在電商平臺上爭奇鬥豔。據統計，電商平臺上的網紅店鋪已經超過了 1,000 家。

上述的數據表明，網紅經濟正在依託其強大的粉絲基礎發展成為新興的實體經濟。而網紅經濟能否實現可持續發展，最終還要靠產品來做後盾。

時尚的服裝搭配、靚麗的模特兒，對於女性消費者來說具有極大的吸引力。根據電商公司提供的一組數據，足以窺見網紅經濟的熱門：電商平臺上網紅店鋪的成交量遙遙領先於傳統店鋪，是其成交量的 2.5 倍。在日常銷售中，部分網紅店鋪發布新品日當天的成交額就能達到上千萬元，發布後三天的銷量就相當於普通實體店一年的銷量。

網紅經濟的快速發展不僅炒熱了網紅店鋪，而且為網紅店主帶來了巨大的經濟收益。在一個「網紅經濟」研討會上，6 位「網紅」應邀參加，平均每人每年的淨收入都達到上億元。

遠在大洋彼岸的美國也掀起了一股網紅經濟的潮流，比如在圖片社群 APP Instagram 裡，粉絲數量達到百萬級別的網路紅人圖片廣告的單價達到上萬美元，網紅經濟的發展打開了品牌行銷的大門。

電商平臺開放性的特徵為網紅經濟的發展提供了有利的條件，網紅們有機會在平臺上開店，並將自己累積的人氣實現價值變現。在大數據的支持下，網紅們透過後臺的銷售數據就可以掌握粉絲的愛好，在結合粉絲的動作變化以及購買轉化情況，實現對客戶的精確定位，為推廣投入提供有價值的參考。

(1) 網紅經濟的三大發展動力

網紅經濟作為電商領域的一股新生力量，已經得到了資本市場的廣泛認可，那麼網紅經濟為什麼會具有如此大的發展潛力？我認為可以歸結為以下 3 個原因（如圖 4-3 所示）。

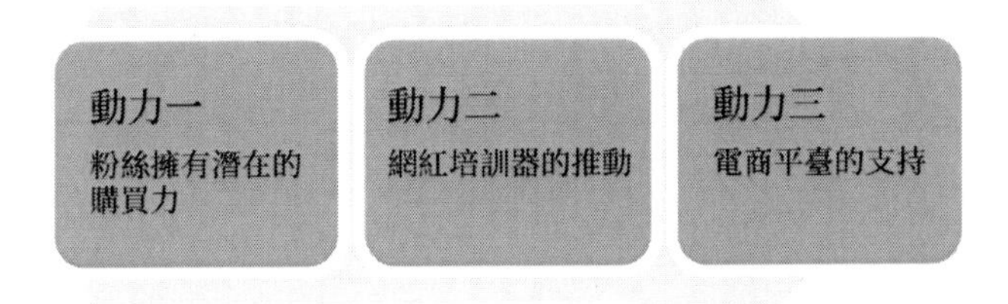

圖 4-3 網紅經濟發展的三大動力

一、粉絲擁有潛在的購買力

所有的網紅都有一個共同點，那就是在社群平臺上擁有百萬乃至千萬量級的粉絲，這也是他們能成為網紅的重要基礎。

與普通的店鋪相比，網紅店鋪在供應鏈上有獨特的優勢。普通店鋪的運作模式是：選款 —— 發新品 —— 銷售 —— 商業流量 —— 折扣，而網紅店鋪的運作模式則為：出樣衣 —— 拍美照 —— 粉絲評論反饋 —— 將備受歡迎的款式打版、投入生產 —— 正式上架。

在有現成布料的基礎上，一般只需要一個星期左右的運作週期。網紅對自己累積的龐大的粉絲族群進行精準行銷，將粉絲力轉化為購買力，收獲頗豐。

二、網紅培訓器的推動

網紅作為一個獨立的個體，力量較為薄弱，僅靠個人的力量做好店鋪的日常營運、供應鏈管理、設計、打版、庫存、客服等一系列工作難度很大。一些具有敏銳嗅覺的創業者嗅到了這一商機，於是透過入股的方式為網紅店鋪提供整套解決方案，幫助網紅店鋪突破瓶頸，實現更迅速地成長。

三、電商平臺的支持

網紅經濟強勁的發展勢頭也引起了電商平臺的關注，電商平臺透過為網紅經濟提供相應的扶持政策，支持網紅店鋪的發展，同時還專門為網紅店鋪研發了相應的配套產品。

(2) 網紅店鋪如何走下去

網紅經濟的發展有利於帶動創業和就業，很多網路紅人的吸金能力甚至超過了一線明星。從產業鏈上看，隨著網紅這一族群的出現和崛起，抓住網紅包裝時機的網紅培訓公司逐漸成長起來，不僅幫助網紅店鋪迅速提升銷量，同時也贏得了創投公司的關注。另外，網紅店鋪的興起帶動了原創設計的發展，電商平臺上有望產生本土的快時尚品牌。

不過，雖然網紅在聚集粉絲和人氣上有優勢，也可以實現一定的粉絲變現，但是這些粉絲卻難以支撐更大的市場。網紅可以一夜之間紅遍大江南北，也可能一夜之間就被其他網紅蓋過風頭，那麼網紅經濟如何確保能夠持續向前發展呢？

網紅經濟的發展少不了平臺的支持。未來，電商平臺將為網紅店鋪提供相應的扶持和幫助，包括精準的流量支持、優質的供應鏈支持、數據跨平臺的互通等。同時，電商平臺還連接了網紅店鋪與生產廠商的洽談工作，從而幫助網紅經濟與實體經濟順利實現連接。

此外，網紅店鋪有了電商平臺做後盾，發展起來會更具規模，還可以擁有良好的外部發展環境。網紅經濟未來競爭的焦點在設計以及用戶體驗上，網紅店鋪要想在市場上如魚得水，就必須緊緊抓住用戶的需求，根據自己的特性打造屬於自己的品牌。

4.2 社群電商：運用網紅思維拓展市場

社群紅利：網紅經濟時代的社群電商

與「網紅」相關的話題，在 2015 年「雙 11」這一天席捲整個電商領域，網紅店鋪背後蘊藏的巨大商業價值，一時之間成為眾人關注的焦點話題。事實上，網紅電商的巨大力量不僅僅體現在「雙 11」期間，分析 2015 年電商平臺上不同類型店鋪的發展情況可知，在各種促銷活動期間，銷量居於首位的都是網紅店鋪。不僅如此，這些店鋪的熱賣指數遠遠超過很多著名的服裝品牌。

實際上，網紅電商並不是 2015 年出現的，只是在 2015 年取得極大發展，才被人們廣泛關注而已。那麼，在社群電商迅速發展的今天，傳統經營模式下的電商與企業是如何應用網紅模式獲得自身發展的呢？

(1) 什麼樣的網紅，適合社群電商

如今，通訊軟體迅猛發展，與社群軟體相比，通訊軟體的開放性更低，在這種形勢下，傳統模式下的社群紅利呈下滑

趨勢，相應的，網紅的門檻也不斷提高，網紅之路變得更加艱辛。因此，企業經營者只有具備敏銳的觀察力，才能從茫茫人海中找到擁有發展前景且能夠推動企業發展的紅人。

在這個過程中，企業的評判標準是什麼呢？

一、個性

相對於外貌來說，個性更加重要，因為憑藉現代的化妝技巧與攝影技術，在鏡頭前展現一張精緻的臉已經不是一件難事。從外貌上來說，很多網紅只是普通人中的一員。但是，每個網紅都必須有自己獨特的個性。

二、擅長使用社群媒體，以內容輸出為基礎進行溝通交流

有的網紅擅長購物，有的網紅擅長化妝，有的網紅擅長說笑話等等，網紅輸出的內容在很大程度上取決於他們自身的定位。另外，網紅需要擅長與粉絲進行交流，並擅長用文字形式來表達。有些人認為只要有代筆就可以了，其實代筆的作用很小，畢竟與粉絲面對面交流的還是網紅。

三、能聚集粉絲

並不是說粉絲越多越好，更為關鍵的是，要使粉絲產生認同感。因此，網紅要將更多的注意力放在粉絲評論與其反饋的訊息上。如果優質粉絲的數量突破一萬，就能達到良好的宣傳與推廣效果，之後，只要投入資本並藉助粉絲進行二次推廣，就能進一步提高覆蓋面積。

四、提高粉絲的積極性

這一點比粉絲的總體規模更為關鍵，粉絲數量再多，沒有活躍度也是白搭。比如，雖然電商平臺上不乏明星店鋪，但很多明星在產品推廣方面並不擅長。對於社群電商而言，無法調動粉絲的積極性，就實現不了最終的變現。

(2) 企業如何選擇合適的網紅呢

有些人認為，只要擁有漂亮的臉蛋兒就能成為網紅，這種觀點是完全錯誤的，因為除了外表，網紅還需要具備很多素養。還有些經營者認為，只要重金投入，就能利用網紅達到理想的推廣效果，這種想法也不對，因為網紅與代言人有很大的差別，企業只有與網紅深入合作才能變現。因此，經營者要在雙方利益一致的前提下，整合自身與網紅的優勢資源，與網紅達成長期、穩定的合作關係。

當下的網紅主要來自於購物 APP、影片類社群媒體等，只需查看社群媒體上顯示的資訊就能找到粉絲眾多的紅人，但經營者需要採用恰當的合作方法並發揮自己的資源優勢，才能為網紅挖掘粉絲價值提供保障。

此外，經營者需要明白的一點是，即使有了優秀網紅的助力，也不能忽視自身的發展與完善。以服裝產業為例，網紅雖然能夠啟發粉絲購買服裝產品的積極性，但如果產品基礎沒有打好，這種出於對網紅的認可去消費的行為，就不會重複發

生。所以，有很多網紅店鋪的經營只維持了一段時間便關門大吉了。只有確保產品品質，提高性價比，並在設計、顏色等方面滿足消費者的需求，才能提高消費者的認可度，增加「回頭客」，否則，店鋪很難獲得長遠發展。

(3) 傳統電商企業如何連接網紅呢

網紅的迅速發展引起了傳統電商企業的重視，一些企業嘗試透過與網紅合作推動自身發展。例如，一些發展勢頭良好的網紅企業，之前從事的是店鋪的營運，在成功過渡後，他們的盈利能力迅速提高，發展也更加迅猛。其發展模式包括兩個方面：一方面在短時間內吸引用戶的關注，為社群電商累積足夠的粉絲；另一方面透過團隊建立，獨立進行產品設計，確保產品供應以及網紅店鋪的正常營運。

當前的網紅培訓，以產品設計開發與營運保障為主導，這些經營機構之所以能夠獲得發展，在於它們最先察覺到網紅店鋪的需求，並迅速切入，聯手搶占有限的市場，獲得了時間上的優勢。

但究竟誰能成為最後的贏家呢？進入網路時代後，流量人口由商業發達地區的實體店轉移到知名購物網站的商品搜索，在社群電商迅速發展的今天，下一個流量入口可能會轉移到網紅身上。當服裝產業逐漸認清當前的流量轉移形勢時，會有越來越多的服裝企業進軍網紅領域，並與同行展開激烈的競爭。

(4) 網紅模式的規模化路徑

與傳統電商不同的是，社群電商更側重於將具有共同興趣愛好或相同生活方式的人聚集在一起。所以，電商營運與網紅營運是完全不同的，前者注重訊息的渲染，後者則更加注重提高人的影響力。如果能夠一次性打造出數量眾多的社群明星，就能進行網紅模式的規模化應用，這與經紀公司批量推出偶像明星有相似之處。

在粉絲經濟模式的應用上，最為成熟的國家是韓國，其中最具有代表性的就是韓國的造星模式。韓國的娛樂公司，會對一批年輕藝人進行集體培訓，從中選出具有發展前景的，組成偶像團體，這種經營方式，能夠有效降低經營者因某個藝人流失造成的經濟損失。另外，透過讓藝人出演影視劇角色，能夠增加其對觀眾的吸引力。

如今，韓國的明星產業已經發展得非常成熟。隨著電商的不斷發展及網紅營運的成熟，網紅模式可能也會向規模化方向發展。

(5) 無社群不電商，網紅經濟全面開啟

社群電商正處於快速上升階段，網紅對用戶形成的強大吸引力，使其商業價值不斷攀升。隨著網紅曝光率的增加，其標價會隨之上升，因而對合作者的要求也會進一步提高。因此，

經營者要站在網紅的立場上思考問題，在合作過程中實現共贏。

在行動網路時代，電商的發展越來越離不開社群，經營者需要做的是，掌握住先機，利用網紅經濟模式進行自身的變革與發展。

網紅達人：重塑傳統的社群電商模式

隨著電子商務的不斷發展，越來越多的企業加入這個領域，致使市場競爭愈加激烈。同時，原本相對集中的客戶越來越分散，訊息推廣的難度也逐漸增大，導致經營者在用戶吸引方面的成本消耗不斷上升。在這種情形下，電商與社群相結合的商業模式得到業內人士的普遍認可。那麼，社群電商模式的優勢體現在哪些方面呢？

社群平臺累積了大量的用戶。傳統電商平臺的用戶基礎比較薄弱，而社群平臺的大規模用戶基礎決定了其背後蘊藏的巨大商業價值，因此，社群電商為整個電商領域的發展帶來了希望。

電商經營者聯手社群平臺後，能夠充分利用社群平臺累積的用戶資源，透過深入挖掘用戶的需求將其變成自己產品的消費者。如此一來，身為網路紅人或與網路紅人合作的經營方，在產品推廣過程中就能夠占據主導地位，使推廣訊息更加符合用戶的需求。網紅聚集起來的粉絲用戶，通常擁有共同的興趣愛好及價值觀，因此，社群電商應該在垂直細分領域謀求深入發展。

通常情況下，用戶會同時聚焦於幾個領域，各個領域之間的交集很少，而關鍵意見領袖通常在某個特定領域內比較擅長或擁有豐富的經驗，因而能夠將具有共同興趣愛好的用戶族群集中到一起。所以，經營者能夠根據用戶族群的共性去挖掘他們的需求，在行銷過程中占據主導地位，減少成本消耗。

在社群平臺迅速發展的今天，粉絲經濟模式順勢而生。粉絲用戶不僅支持他們認可的品牌，還會進行品牌的傳播與推廣。社群電商的發展使得粉絲之間的連繫大大加強，用戶之間可以進行經驗分享與交流，粉絲不僅能夠獲得滿足自己需求的產品，還能得到有經驗的人的指導。

所以，如果商家的產品有品質保證，並在此基礎上樹立了良好的品牌形象，那麼，就能獲得粉絲用戶的支持，而且這些粉絲還會將產品推薦給其他人。在傳統商業模式下，電商平臺上的一些小規模店鋪只是利用平臺推廣自己的產品，吸引用戶到自己的店裡進行消費。如今，商家可以在電商平臺上完成產品的推廣、銷售、用戶反饋等整個流程。

社群平臺的應用，使網路紅人的推廣作用得到充分發揮。統計結果顯示，到 2015 年 9 月，一家社群平臺公司每月活躍用戶已經突破 2 億，導購達人的總數量大約為 700 萬，這些意見領袖能夠在很大程度上對用戶的消費行為有引導作用。商家憑藉社群平臺的推廣，能夠大大提高商品訊息的傳播範圍。

社群電商要想獲得成功，就要不斷提高影響力。雖然社群平臺擁有大規模的用戶基礎，但對於微商而言，大部分流量是沒有商業價值的。原因在於，相比起來通訊軟體的私密性較高，大多數用戶會排斥商業化明顯的訊息。

因此，商業化訊息在通訊軟體中的影響力相對較低，只有極少數產品能夠透過通訊軟體成功推廣。社群平臺的開放性要高一些，商業化訊息的影響力也更強，是社群電商應用的主體。

「商家——通路——顧客」模式（B2C2C 模式）在應用過程中具有很強的競爭優勢。導購達人根據自己的實力選擇任務類型及具體數字，然後就可以將商品的推廣訊息發送到社群平臺上。商品從商家直接到達消費者手中，無須經過中間商，不會出現層層抬價的狀況，產品品質也能得到保證。

在這種模式下，導購達人憑藉其在社群平臺上的影響力，能夠更加快捷、方便地提高盈利能力。導購達人經營店鋪不需要什麼條件，也不用經過層層審核。商家只要擁有營業資格，就能進駐平臺。

網紅思維：基於社群平臺的導流模式

通常情況下，人們所理解的「網紅」是指某個領域某個面容姣好的關鍵意見領袖。他們發揮自己的特長，利用社群平臺發展粉絲用戶，對粉絲用戶的消費行為進行引導，吸引其進店消費。在「網紅經濟」迅速發展的今天，這支隊伍吸引了更多的人加入，規模越來越大。這支隊伍中的隊員都想在這個領域分一杯羹，於是相互間展開了激烈的爭奪。此外，在行動網路時代，用戶的關注點很容易被引向其他方面，忠實粉絲也可能產生懈怠，因而，網紅經濟模式的發展仍然具有一定的未知性。

立足宏觀角度分析，從根本上說，「網紅經濟」是指在品牌中融入人性化特徵，借用社群平臺進行推廣，提高意見領袖的影響力，挖掘粉絲用戶的商業價值。

事實上，網紅經濟由以下 3 部分組成：關鍵意見領袖、社群平臺的推廣宣傳、融入人性特徵的商家或產品。以社群平臺為基礎發展起來的「網紅經濟」，被業內人士視為是在社群電商發展潮的推動下出現的。那麼，行動社群電商是否能夠借鑑網紅經濟發展的經驗呢？商家應該如何運用網紅思維獲得自身的發展呢？

(1) 找準定位，對品牌進行人格化塑造

「網紅經濟」就是在品牌中融入人性化特徵，意見領袖就代表品牌形象。品牌的形象設定可以有很多種，其人選可以是購物界、時尚界，攝影界、體育健身界、美食界等各個領域的專家。企業在確定品牌形象之前，要先認清企業本身及產品的特點，了解各意見領袖的優勢與不足之處，明確消費族群的共性，制定系統、完整的策略規劃，然後一步步去實施。

以國外一家線上銷售水果店「小果」為例，「小果」以線上銷售水果為主導業務，屬於生鮮電商的範疇。「小果」在發展初期，主要銷售通路是實體 1 號店和官方網站，2015 年，「小果」加盟微商，利用社群平臺進行產品的推廣與行銷，平均每天的銷售規模達到 5 萬單。近年來，雖然很多業內人士不看好生鮮電商的發展，但「小果」卻從激烈的競爭中脫穎而出，原因是什麼呢？

一方面，「小果」有清晰的定位，專注於中高階水果的採購、行銷及配送服務，將其顧客族群鎖定在特定的範圍內。通常情況下，對中高端水果產品有需求，並利用社群平臺或其他線上通路進行支付的人，是那些收入較高，習慣透過線上平臺購買產品，對生活品質有較高要求的人。

那麼，如何才能引入有效流量呢？

一般情況下，人與組織或機構很難建立密切連繫，但人與人建立連繫比較容易。商家要加強與消費者之間的連繫，就應該在企業品牌中融入人性化特徵，而「小果」就是一個典型的代表。

「小果」的執行長，在消費者族群及代理商中擁有很高的聲譽。他有很多特點，比如，他雖然年輕，但已經身為父親，這讓人覺得他對產品及消費者負責；他曾在農產品批發市場做過多年的食品安全相關工作，讓人覺得他是這個領域的專家；

他畢業於知名大學，讓人覺得他有足夠的教育程度等。他的這些突出特點與企業及產品本身非常貼合，加上其創業經歷、品牌內在的價值等，將企業的精神內涵、責任追求、產品品質的保證等都巧妙地表現出來，於是，企業其經營者成為企業形象的代言者。透過身分定位，消費者更容易對品牌及產品產生信任感。

(2) 持續輸出有價值的內容

當然，僅僅在企業品牌中融入人性化特徵是遠遠不夠的，雖然這能夠吸引一批用戶，但卻無法使用戶產生消費需求。而且在訊息泛濫的當下，用戶關注的領域比較多，忠實用戶也很可能從一個領域轉移到其他領域。

如何才能啟發粉絲的積極性，並激發他們的消費欲望呢？最關鍵的是，要不間斷地推送優質訊息，與用戶保持情感上的連繫。在網紅經濟模式下，關鍵意見領袖能體現出品牌的獨特性與優勢力量。粉絲之所以購買網紅推薦的商品，不只是因為商品符合他們的切實需求，還因為網紅的推崇與信任。網紅的價值觀念與生活方式能夠對用戶產生重大的影響，甚至引發用戶競相效仿。

國外一個知名度很高的高跟鞋品牌，在 2015 年風靡社群平臺。很多人之所以去他家購物，就是衝著其低價去的，但該品牌的鞋子價格並不低，很多都是上千元，而其銷售通路主要就

是電商店鋪。該品牌擁有眾多粉絲，當該店的產品更新時，粉絲們爭相購買，一個小時之內，就會出現銷售告罄的現象。

高跟鞋品牌經營者小虹有著資深的媒體產業從業經歷，因而，她經常透過社群平臺發布一些吸引人的文章，引起粉絲的強烈共鳴。她的發文不僅僅是簡單的產品推廣，還經常輸出一些有關潮流、生活、健康的訊息內容，她將自己打造成了一個熱愛生活、享受人生的時尚達人，很多粉絲很嚮往她的生活狀態，而高跟鞋又是時尚女性必備的元素，因此理所當然會購買她推薦的產品，以期望自己也能過上那樣的生活。

綜上所述，在透過社群平臺向粉絲用戶傳遞訊息時，應該注意以下 4 個方面：

一、持續不斷。從根本上來說，就是不間斷地向粉絲用戶傳遞自己的品牌與商品訊息。

二、在傳遞訊息時，要抓住用戶的需求與興趣點。例如，在「小果」的消費族群中，新生兒父母占據了很大一部分，這些客群注重產品安全與品質；高跟鞋店以白領階級為主要消費族群，這類人群更加注重生活的品位及心態的保持。

三、不斷發掘用戶的深層次需求。關鍵意見領袖輸出的訊息內容與其自身的知識程度、視野範圍等密切相關，只有不斷擴充自己的知識庫，才能確保內容的價值，並使其符合用戶的興趣與需求。如果關鍵意見領袖停留在原地，其發布的訊息內容就可能逐漸失去吸引力。

四、利用多種平臺發布訊息內容。找到粉絲用戶的聚集地，在應用社群平臺的同時，關注粉絲用戶使用頻率較高的平臺，將其作為訊息輸送通路。

(3) 注重粉絲營運與用戶體驗

傳統店鋪的經營者與消費者之間只是單純的交易關係，雙方之間的情感連繫非常少，而網紅店鋪則不同，粉絲可能是網紅的崇拜者，也可能將其視為好友，他們彼此之間的交流更加深入。這種關係越緊密，就越能激發粉絲的購買欲望。

網紅利用社群平臺與粉絲進行溝通交流，提高粉絲的認可度，拉近與粉絲之間的距離，不僅能夠增強粉絲用戶的依賴性，還能借此了解用戶的需求，不斷完善自己的服務、改進產品。有些網紅店鋪在更新產品時，會先徵求粉絲的意見，並根據粉絲的評論最終決定選擇哪種新產品，這樣能夠提高銷量，減少庫存積壓。

除了服裝產業能夠採用這種模式外，一些罕見產品品類的銷售也適合採用這種方式。比如「小果」在經營常見水果的同時，也會去各個地區開發新的水果產品，並以圖片、文字的形式將其上傳到社群平臺上，讓粉絲及更多消費者了解這些稀有水果。之後「小果」會與粉絲進行交流溝通，並根據粉絲購買意願的強弱來決定採購量。

概括而言，經營者首先需要加強與消費者之間的連繫，提高其重複購買率；其次，要增強消費者的認可度，提高平均交易金額；再次，要注重自身產品與服務的升級，提高用戶的忠誠度。

網紅經濟憑藉社群平臺的應用，在品牌形象打造、產品行銷等方面突破了傳統思維模式的限制，其他靠社群電商平臺發展而來的企業應該借鑑其發展經驗，進行自身的改革與完善。

社群電商的未來：「熟人＋社群＋網紅＋場景」模式

近年來，社群電商發展得異常迅速，然而，獲得成功的只是一小部分，這主要是因為電商與社群相結合的發展模式並未凸顯出太大的優勢。很多經歷傳統網路時代的電商平臺發現，社群平臺的應用並沒有對其發展造成明顯的推動作用。

以下 4 種因素決定了社群電商的發展方向。

(1) 以熟人電商爲主的強關係

在傳統商業模式下，交易雙方通常並不互相了解，熟人電商則不同，它建立在強社群關係的基礎之上。傳統商業模式下的商業規則不對外公開，經營者獲得的利潤主要來源於資訊差價，而在資訊社會發達的今天，商業規則已經不再隱祕，人們的消費習慣也已經改變，相比於自己在網路上搜索的商品，用戶更相信好友的推薦。

消費者的認可是熟人電商發展的基礎。除了對經營者的認可，對於消費者而言，更為關鍵的是產品的品質與性能，因而，大多數人會選擇相信熟人推薦的產品。基於這種強關係發展起來的電商模式，能夠有效增加用戶黏著度。

(2) 以社群電商爲主的中關係

在大多數情況下，當一個人在某個領域（特別是媒體產業）取得一定成就並獲得大批追隨者之後，就會透過建立社群電商來挖掘用戶的商業價值。原因在於，這樣能在短時間內將具有同性但分散在各個領域的用戶集中到同一個平臺上，透過確立共同的價值觀，使用戶對平臺產生認可。按照發起者的不同屬性，可以將社群電商分為兩種：一種是個人發展起來的社群電商；一種是企業建立的社群電商，比如「小米」。

企業建立的社群電商一般都有自己的主導產品，粉絲對產品的更新與完善充滿期待。個人發展起來的社群電商則主要透過發起人或意見領袖的影響力與價值輸出來凝聚用戶。

但從根本上來說，這些社群關係都是中關係，因為絕大多數消費者在購物前會詳細了解商品訊息、品質、價格以及相關服務等，在對照與參考其他產品後才會做出決策，所謂的「盲目的粉絲」還是很少的。

(3) 以「網紅」電商爲主的弱關係

網紅既是社群達人也是意見領袖，他們有自己擅長的領域，並獲得粉絲的認可與推崇。他們通常站在時尚的前沿，他們的意見能夠獲得粉絲用戶認可並能引導其行為，能夠幫助粉絲用戶在短時間內從眾多電商平臺中找到自己需要且品質可靠的產品。

網紅很可能會成為行動網路社會中的下一個流量入口，因此很多電商平臺開始尋求與網紅合作的模式。但問題在於，他們很難對網紅的人口價值做出精準的評估，因為大部分網紅對粉絲的了解比較少，可能抓不準他們的興趣點，同時，粉絲彼此之間的互動也很少，沒有強關係維持，他們的關注點很容易會轉移。

所以，網紅無法成為統一性標準產品，在營運過程中，如果長時間不進行革新用戶就會產生審美疲勞與心理厭倦。但毋庸置疑的是，網紅確實能夠在短時間內使某種產品躋身暢銷榜。

(4) 人卽場景

有用戶的地方，就會產生場景。如今社群平臺聚集了大量用戶，由此產生的購物場景吸引了眾多商家的關注。對社群平臺而言，他們要解決的關鍵性問題便是如何將商品與推廣訊息傳遞給有需求的用戶。如今，用戶的消費行為及習慣已經與傳統模式大為不同，因此，社群電商企業更要深入分析用戶需求，學會場景行銷。

傳統電商經營模式以大規模的流量為基礎，如今，其競爭優勢逐漸減弱；而社群電商能夠更好地利用強關係資源。未來，涉足社群電商領域的實力型企業可能會不斷增多。另外，社群電商、熟人電商、網紅電商的發展也會呈現出新的面貌。

4.3 互利互惠的共贏模式：社群時代下的部落客網紅

部落格策略：構建興趣聚合的社群電商

2015 年年底，一些微商的重要數據被公布出來。其中，2015 年亞洲時尚紅人部落格的閱讀量已經超過 1,500 億次，互動量也高達 3.2 億次。

這個數字是什麼概念？僅僅是 3.2 億次的互動量就已經讓垂直電商望塵莫及。紅人與粉絲之間高頻率的互動在部落格上達到一個巔峰，而這種互動中蘊含著無限的商機。

由此不難看出，什麼是微商做大的本質？答案就是網路紅人。他們承載起了溝通商業與消費者之間密切連繫的重任。

(1) 網紅的意義何在

網紅，也就是網路紅人，即在網路平臺上具備一定影響力的人。但現在人們對於網紅的理解似乎有些狹隘，認為網紅就是容貌出眾、在網上時尚領域活躍度高的人。這個概念代表了大部分人對網紅的認識，使得網紅這個詞褒貶意義不明。

但在微商的領域，網紅的意義卻完全不同。除了漂亮的女性，微商界還有這麼幾類網紅，他們的容貌或許只能用普通來形容，但他們的能力和才幹卻足以讓其蜚聲「網壇」。

對於微商來說，網紅是一個高訊息量、高精準度的粉絲集散地，超高的流量轉化率為微商打下了堅實的基礎。換句話說，如果流量不能實現高效的轉化，部落格的優勢便無從施展。因此，紅人、時尚達人、專家等族群是微商前期扶持的重點對象，他們手下聚集的粉絲才是日後微商發展的重點所在。

(2) 脫離了單純社群意義的社群化

在網路時代，「社群」已經不再是一個新鮮名詞，社群平臺層出不窮，都試圖搭建能夠沉澱人群的平臺。但是這些平臺還是以單純的社群意義為目的嗎？在社群普及甚至是泛濫的當下，社群平臺沉澱用戶的功能已經不是個問題，其進入門檻極低，但是轉化成融資又十分困難，最後只能停留在一個尷尬的境地。而微商正是找到了這種泛化社群的癥結所在，才展開的菁英化集結點的培養，達人電商、紅人電商等像一個個磁鐵，把不同族群分類，並大幅度提高了轉化率。

靠臉來贏得關注的時代雖然沒有完全過去，但是其審美疲勞期正在到來。大家看夠了「錐子臉」、「一字眉」、「桃花眼」之後，好像覺得這些也都差不多。所以，在微商時代，聰明才智和敏銳的商業嗅覺以及善於經營粉絲的能力，成為新一代電商

網紅的制勝法寶。比如，企業 CEO 親自上陣，耍帥、獻聲、抽紅包、送福利等接連不斷；每日更新電商頭條，精選訊息分享。這些行為都需要一個具有號召力的人來引導，促成從流量到購買的轉變，這個人就是微商的紅人。

「靠臉」的道路已經漸漸走不通了，最具有生命力的做法還是靠興趣之間的聚合搭建起一個完整的消費場景，由此進一步促進微商商業生態環境的完善。而其中，網路紅人與粉絲之間的互動，是最直接有效的社群通路。與明星不同，網紅更像普通人，能減少粉絲的疏離感，其分享的一張照片、一杯飲品、一朵旅途中的花，看似沒有關聯而瑣碎，但網友卻能透過對其評論和轉發，參與到網紅的生活中，真實度極高。

對於微商來說，最主要的問題就是在吸引粉絲和後期的粉絲轉化之間找到平衡。在商業時代，網路上的行銷行為都具有趨利性，因此，網紅落戶在哪個電商平臺，基本上是由金錢決定的。如何培養忠誠度高且價值高的網紅，是社群和電商平臺重點關注的問題，因為這關係到社群電商的成敗與否。

網紅電商：社群平臺盈利的重要通路

(1) 紅人經濟已成核心

僅在 2015 年「雙 11」期間，社群平臺上比較活躍的時尚紅人的部落格閱讀量就超過了 112 億次，有近 5,400 萬次的互動量。正因如此，社群平臺才為用戶所詬病，因為只要打開主頁，就能看到電商廣告見縫插針地出現，這種越來越商業化的趨勢使得用戶體驗受到極大的損害。而之所以出現這種情況，是因為成千上萬的網路紅人、店主的積極推廣。

一個較為知名的網紅店主小魏。她加入電商的時間並不長，年銷售額也僅僅在 1,000 萬元左右，然而其利潤卻十分驚人，能夠達到 20% 到 30%。在她的店鋪購買商品的多是她的粉絲，他們在貼文上看到她的造型與穿著，便會轉移到她的店鋪購買。

相比於一開始時只有一兩千元收入的境況，如今店鋪所帶來的盈利可謂是上了好幾百個臺階。不過，現在活躍在社群平臺上的時尚紅人至少有十幾萬之多，其中已形成較大影響的也越來越多，若想從中拔得頭籌並不容易。

為了能夠將店鋪推送給用戶、維持活躍度，小魏每年都需要花費幾十萬元來做廣告，畢竟社群平臺所帶來的訊息量浩如煙海，如果不進行投入，就很難獲得回報。

用戶購買商品，其實也是期望能夠藉此來接觸另外一種生活。很多用戶在決定是否進行交易時，多是以朋友的口碑推薦以及關注的網紅的推薦來作為判斷依據的。以往，商家在展示自己的商品時傾向於選擇明星，以此來顯示商品的等級，然而，他們如今更喜歡選擇比較在地化的網紅。

(2) 用明星買手提升活躍度

此外，作為電商不可或缺的力量，電商自媒體已經逐漸形成了一定的規模。綜上所述，截至 2015 年 11 月，數據顯示電商自媒體已經超過了 500 家，與電商相關的官方帳號共有 111 萬餘條，閱讀量累計達到 61 億次。

據相關分析顯示，在電商自媒體的活躍人群中，年輕人所占的比重非常大，超過總人群的 90%，其中 19 到 24 歲的人群最多，占 40%，25 到 34 歲的人群占 28%，而 18 歲以下的人群則占 20%。

目前，作為主要購買力人群的 80 到 90 世代有比較多的空閒時間，而且購買力非常強。然而，已經固化的傳統電商模式很難滿足他們追求新穎、個性的消費需求，於是那些極具個性化的商品以及長尾商品成為他們追捧的對象。

這其實與社群平臺非常契合，因為這樣既可以透過比較活躍的網紅和自媒體達人來推動社群電商化的發展，又可以使得此平臺能夠保持一定的活躍度。

對於垂直領域的自媒體用戶，社群平臺給予了強有力的支持，一方面不斷鼓勵他們發布優質內容，並且與粉絲進行良好的互動；另一方面則不斷地進行技術升級，優化圖片與影片等方面的用戶體驗，使得用戶發布的內容更加多媒體化。

(3) 深化微商生態營運

事實上，如今風生水起的一個知名社群平臺在創立之初也遭遇過尷尬期，其熱度雖然一直持續著，但卻沒有足夠的盈利來維持，而且其他競爭者的崛起也在行動端與之叫板。然而，在選擇與電商集團進行策略合作之後，該社群平臺所面臨的困境有了轉機。

當然，與 Facebook 和 Twitter 的廣告收入相比，該社群平臺還有很長一段路要走，但其上升的空間也是非常大的。在未來的發展策略中，該社群平臺仍然會在優質內容、意見領袖以及網路紅人等方面的投入上加大力度，努力為微商的生存創造出更優越的環境，並深化其生態營運。

人口紅利的時代已經過去了，如今電商產業的集中度越來越高，其在發展的各個階段都將面臨巨大的挑戰，無論是設計還是營運推廣。如果能夠充分利用粉絲與社群效應，累積並沉澱自己的核心用戶，就能夠以較低的成本獲得較高的產出。

但是，在消費日益理性化與透明化的今天，要想獲得長遠且健康有序的發展，就必須要找到商業化與用戶體驗之間的平衡。

網紅電商如何利用社群平臺行銷推廣

在網紅經濟的商業模式中，人是最為核心的一個載體，其當下的發展已經逐漸從個人的商業變現過渡到公司化的商業遊

戲。在這一經濟模式中，若想取得成功，必須牢牢掌握4點，即利用社群通路進行內容產出、從產品的設計和視覺吸引大眾、進行供應鏈管理以及做好店鋪營運。

其實，我們可以將這一模式看作是社群經濟時代時尚的一種新的演化。一方面，網紅可以與粉絲進行持續的互動，從而了解目標受眾的消費需求；另一方面，供應鏈能夠有快速的反應，將產品進行預購，這樣就不會有庫存積壓的後顧之憂，所有的業務都以數據為依據，如此一來就能夠倒逼供應鏈進行改造。

然而，在如今訊息浩如煙海的大環境下，網紅電商若想取得一定的成績就必須做好行銷，那麼他們是如何做的呢？

(1) 網紅的「自我修養」

在那些驚人的交易量背後，是社群平臺上動輒百萬的粉絲。事實上，當我們去了解網紅們的成長之路時就會發現：他們多是年輕漂亮的時尚達人，有著頗高的品位與眼光，並以此來進行產品款式的選擇以及視覺推廣，慢慢地在社群平臺上聚集人氣，沉澱一批較為忠實的擁護者，然後再依託這一族群實施定向行銷。

拋開那些借機炒作、想要趁機大撈一筆就消失的人不談，網紅電商們絕對不像看上去那麼輕鬆。對於他們來說，如何與粉絲互動並從中發現粉絲的消費需求，進而引導他們在自己的店鋪中進行消費，是必不可少的技能。

網紅絕不是一蹴而就的，而是一個系統化的過程。即便已經有了一定的人氣，也不能懈怠，只有保持一定的活躍度才能維繫粉絲的黏著度，才能在新產品發布時進行有效的推廣。

網紅們更新內容，大體可以分為3種類型：一是化妝等相關的教學；二是自己的日常生活；三是工作相關的周邊。他們發布的形式多是以圖片為主，偶爾也會發一些趣味性較強的長文章，雖然文章內容各有不同，但都有著極強的目的性和針對性。

第一種類型，目的在於吸引更多的新粉絲。2015年7月，一段名為「短髮妹子福利，五分鐘速成丸子頭」的影片在短時間內得到了5,000餘次的轉發，發布者瞬間躋身網紅行列。在她看來，社群平臺其實就如同一本雜誌，應該提供一些有營養的內容給大家。

第二種類型，是網紅最經常分享給粉絲的，儘管內容不同，但當他們將之分享給粉絲時，更容易使粉絲產生親近感，增進彼此之間的互動黏合。當然，除了這些較為親民的生活片段之外，他們更願意將自己或甜美或優雅的穿著打扮以及旅行故事分享出來，打造出一種令人嚮往的生活方式與狀態。

第三種類型，可以為新產品做鋪墊，一些與工作相關的趣味小花絮，可能會讓粉絲對即將上市新的產品產生期待。

(2) 商業廣告助力網紅獲取大量曝光

粉絲頭條

粉絲頭條是社群平臺推出的一款推廣產品，是需要單項付費的。當你發布某條貼文時，如果使用這一產品，該條貼文就可以在 24 個小時內出現在粉絲首頁訊息的第一位。也就是說，粉絲只要打開社群平臺就能夠第一時間看到你發布的這條貼文，而且，這條貼文的左上角還會有「熱門」的標誌。網紅電商們在有新產品時都會選擇這一產品，以此來提醒粉絲關注。

第五章
網紅行銷：
社群粉絲效應下的行銷新思維

5.1 行銷革新：網紅行銷學的核心理念

揭祕網紅行銷：從傳播能力到商業價值

網紅行銷最大的優勢，在於其高效而精準的品牌傳播能力。無處不在的行動網路讓人們可以隨時隨地分享自己的生活經歷、表達自己的情感，這就為網紅藉助粉絲族群實現病毒式的品牌行銷提供了強有力的支撐。

良好的互動是網紅行銷獲得成功的關鍵，它能增強粉絲族群對網紅品牌的認可度及忠實度，從而與網紅建立信任關係。此外，在網紅行銷過程中，會有許多行銷公司借勢進行行銷推廣，這也進一步提升了網紅行銷的影響力。

網紅的形成與許多因素有關，其中最為關鍵的，就是網紅展現出來的氣質。「氣質」一詞在 2015 年年底變得異常常見，在各大社群媒體平臺被廣泛使用。氣質包括多種類型：高雅、恬靜、溫柔、大方、果斷等。較強的氣質能有效激發粉絲情感的共鳴，網紅進行品牌傳播時，也更容易獲得粉絲的認可。

網紅行銷成本較低，傳播效率極高，行銷更加精準，依託粉絲族群在熟人社群的朋友圈中進行傳播，具有更高的轉化率。在行動網路時代，消費需求呈現出個性化、即時化、行動化、碎片化的特徵，完美迎合了這些特徵的網紅行銷開始了快速發展期。

由於網紅行銷具有互動性強、低成本、行銷更為精準等方面的巨大優勢，其展現出的巨大潛在商業價值受到了社會各界的廣泛關注。與一般的粉絲經濟相比，網紅經濟可以使網紅發揮其在某個特定領域的專業優勢，更加精準地引導粉絲參與到價值創造活動中，從而大幅度提升行銷轉化率。

在網紅產業鏈中，參與的主體包括：各大社群媒體平臺、網紅、網紅培訓公司、品牌商、供應商、電商平臺、物流公司、粉絲族群等。

與近年湧現出的大量創業公司相比，具有明確商業模式的網紅，具有較大的優勢。在成功率方面，網紅占據絕對優勢。網紅在發展初期，不需要投入太大成本，只需專注於自己的內容，當累積一定規模的忠實粉絲族群後，再進行商業價值變現。這就需要網紅創造出更為優質的內容，讓粉絲族群體驗到更多的趣味性、新鮮感，從而產生情感共鳴。另外，與高高在上的明星相比，網紅具有草根屬性，更加親民，更容易吸引粉絲參與互動。

在一雜誌公布的 2015 年度十大流行語排行榜中，「網紅」一詞位列第九。其對網紅的解釋為：由於受到網友追捧而走紅的網路紅人。網紅走紅的因素包括多個方面，如特立獨行的言行舉止、特定的網路事件、網路推手或行銷公司的炒作等。

與入口網站相比，社群媒體平臺在行動網路與智慧型手機的結合下，展現出強大的能量，傳播效果達到前所未有的高度，更容易獲取粉絲族群，許多領域的專業人士甚至能夠累積上千萬粉絲。但在訊息過載的網路時代，人們的精力被過度分散，很難對某個人或某一市場持續關注。

不難發現，社群媒體平臺在爆發式增長期之前，曾經也出現了一些網紅。這背後隱藏著深層次的原因，社群媒體崛起後，以幾何倍數增長的訊息，令人們對某個熱門人物及事件的持續關注度及關注時間大幅度下滑。即使是像馬航失蹤、東方之星遊輪沉沒等在全世界引發關注的熱門事件，也會由於社群媒體強大的訊息傳播能力，導致人們在短時間內就將其遺忘。

於是，想要在社群媒體平臺全面崛起的年代成為網紅的難度明顯增加，透過自拍照就能獲得大量粉絲族群關注的年代已經遠去。況且，許多網紅本身也缺乏核心競爭力，他們走紅的方式很容易被後來者複製，而且一段時間後，粉絲族群也會產生審美疲勞，如果網紅沒有持續的優質內容生產能力，在極短的時間內就會被人們遺忘。網紅需要像企業一樣更多地專注於

細分市場、專注於產品及服務的創新，透過發展差異化競爭來拓寬自己的「護城河」。

目前，亞洲的網紅族群雖然人數眾多，但是讓人們印象深刻的網紅卻屈指可數，大部分網紅活躍在一些特定的小圈子裡，和幾萬名粉絲進行互動。

能夠持續創造有價值的內容，累積變現能力強的優質粉絲族群，是網紅族群能夠持續發展的核心所在。如今的網紅相比入口網站時代的網紅要幸運得多，行動網路已經給他們提供了最好的舞臺，但如何獲得觀眾的認可，還需要他們在內容上下工夫。

智慧型手機及行動網路的不斷發展，使網紅經濟及第三方服務市場實現了快速崛起。

在網路世界中，真正創造內容的族群只占 1%，其他用戶都是參與者，他們主要是評論及分享。第三方服務市場要做的，就是把真正創造內容的少數用戶聚集起來，發揮其協同效應。

網紅市場的快速發展，反映了行動網路時代人類社會所發生的巨大變革。目前，網路已經成為人們生活及工作的重要組成部分，在網路思維的不斷滲透下，人們的消費習慣及需求心理都發生了明顯的變化。網紅給人們帶來的不僅僅是產品訊息，更是一種全新的思維方式及生活理念。

網紅行銷的核心：以內容塑造人格化品牌

「網紅」這一概念最早可以追溯到 10 年前，從在論壇中崛起的痞子蔡，再到直播平臺的電競主播等，隨著時代的發展，網紅族群也在不斷更替。

而網紅真正崛起，則是在 2015 年之後。那些擁有獨特品位、豐富才藝的網紅族群，憑藉其擁有的大量粉絲及強大的變現能力被外界廣泛關注。人們注意到，網紅在經過一定的開發培養後，可以釋放出巨大的商業價值。

從本質上來說，網紅是以內容塑造並強調人格化品牌、擁有極強的影響力及訊息傳播能力的網路形象。其價值創造過程始終是沿著內容創造、傳播、交易的主線不斷發展的。在這個泛中心化的時代，只要你能夠創造出有價值的內容，就可以藉助網路成為外界關注的焦點。從內容創造到傳播，再到變現交易，整個價值創造過程都可以在線上快速完成。可以說，一個網紅就是一個自帶用戶流量、擁有較強影響力的人格化品牌。

網紅經濟的巨大價值創造能力，正反映了當下內容創業的崛起。與明星、名人相比，網紅具有以下 3 個方面的特點。

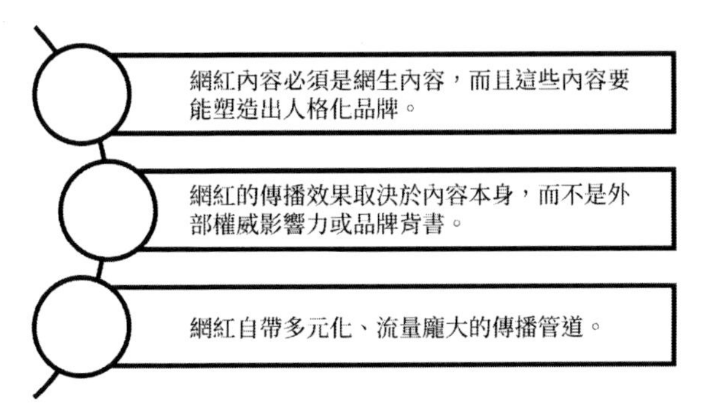

圖 5-2　網紅的 3 個特點

一、網紅內容必須是網生內容，而且這些內容要能塑造出人格化品牌。

網紅創造的內容要想被消費者關注並傳播，必須是在網路環境中訂製、改造而來的，不能將實體的人或事物簡單地線上化。只有這樣，其內容才更具生命力，具體來說，網紅創造的內容應該具有以下 3 個方面的特點：

內容要迎合線上傳播、變現、再加工等方面的需求，從而讓更多的網路使用者參與到價值創造中來，產生更多的增量價值。

內容傳播還要迎合傳播載體、通路的發展趨勢，在不同的環境下選擇更加符合自身需求的平臺、傳播介質及相應的內容格式。

內容要能塑造出清晰而明確的人格化品牌，無法讓用戶產生情感共鳴，不能讓用戶喜愛或憎恨的內容，無法得到網路使用者的廣泛傳播。

二、網紅的傳播效果取決於內容本身，而不是外部權威影響力或品牌背書。

只要網紅創造的內容可以滿足上述需求即可，對於網紅實體其實並沒有嚴格的要求，名人、草根都可以成為網紅，甚至網紅可以不必是人。只要網紅能形成人格化品牌，源源不斷地創造出被網路使用者認可並傳播的網生內容，在現實中毫無影響力的普通人也可以成為深受網路使用者喜愛的網紅。

對於普通人來說，透過外貌、個性、才藝等吸引粉絲族群，是實現從無到有的過程。那些明星、名人被人們了解，最初可能是依靠其實際的影響力，但是他們在線上獲得粉絲族群的持續關注，卻是由於其不斷地進行優質內容的創造及生產。

無論是活躍在電商平臺上的網紅，還是最近兩年十分熱門的人格魅力體，其內部並無層級上的差異，決定他們價值的是其傳播力及影響力。傳播力與管道有著密切的關聯，而影響力則決定了其向用戶傳播的內容能否被認可、討論、轉發。在這種情況下，既擁有強大品牌影響力，又擁有千萬級別忠實粉絲族群的網紅，能拍出 2,200 萬元的廣告費也就不難理解了。

網紅族群與其他網生內容的最大區別，就是人格化品牌或人格魅力體。粉絲族群認可網紅創造的內容及其價值觀，其人格化的品牌形象也更容易獲得粉絲的信任。歸結起來就是：人

更傾向於與人交流溝通，能了解自己情感的網紅，要比那些代碼堆砌成的網生內容更有吸引力。而且在後續的衍生增值服務開發上，人格化的品牌形象有著廣闊的發展空間。

從某種程度上來說，內容形式的電商產品其核心賣點其實是品牌信仰，產品只是用來強化品牌信仰的有效工具，透過內容打造的虛擬人格形象及價值觀，才是讓網紅得以創造巨大價值的關鍵所在。

三、網紅自帶多元化、流量龐大的傳播通路。

對於明星、名人來說，其品牌及形象具有較強影響力，其傳播通路也被新聞媒體所控制。而網紅則是藉助部落格、影片網站等具有龐大用戶流量的多種傳播通路。在內容傳播方式與人們需求心理發生巨大變革的背景下，網紅經濟將有爆發式增長。

網紅行銷背後的內容生產傳播與消費機制

網紅族群得以快速發展壯大的原因，主要是網路時代內容的載體、平臺、傳播方式等發生了顛覆性變革，打破了舊有的產業秩序，並創造了許多新的發展機遇。而在舊秩序中，目前依然擁有較強影響力的就是電視媒體。

在電視機全面普及後，開始進入一個與觀眾同屏的大眾傳媒時代。但透過電視進行行銷推廣的缺陷在於，企業無法對大量的觀眾進行精準劃分，電視臺給出的統計數據過於模糊，廣告主只能進行「狂轟濫炸」，無法進行有針對性的高效而精準的訂製化行銷。

決定廣告費用的核心指標就是收視率，這會導致廣告內容的品質無法得到有效保證，以至於廣告主認為，只要沒有大規模的觀眾集體吐槽的就算是好廣告。而電視媒體完成變現的主要方式是廣告，只有那些收視率較高的頻道推出的黃金節目，才可以獲得較高的收益。

此外，收視率較高的頻道數量有限，能夠對全國的消費者帶來較強品牌影響力的頻道更是屈指可數，觀眾們觀看電視節目的黃金時段僅有 3 到 4 個小時。電視媒體的內容分發能力與內容形式的限制，大幅度降低了其在內容傳播方面的影響力。

電視媒體為了提升收視率，只能創造一些受眾面較廣的大眾內容。觀眾感覺電視節目越來越枯燥乏味，而電視節目製作方為了讓更多的觀眾關注自己，用盡各種手段來留住觀眾，其結果卻導致電視節目陷入越來越差的惡性循環。所以，一些強調個性、時尚的品牌在選擇電視媒體進行行銷推廣時，不得不支付高額的費用，去爭搶僅有的幾個有較強影響力的電視節目資源。

對於廣告製作公司而言，電視節目的制約也影響了廣告的傳播效果。廣告從業者不但要盡量傳遞出客戶的品牌形象，

還要和電視節目的大眾化屬性進行鬥爭，因為坐在電視機前的觀眾們可能心思根本就不在電視節目上，因此必須透過有趣味性、彰顯個性的廣告來吸引觀眾的注意。

網路的推廣普及，讓這種情況發生了本質上的改變。多元化的內容形式及網路影片的點播屬性，讓行銷推廣發揮的空間大幅度提升，而且大量的影視劇節目，極大地促進了垂直廣告內容的生產。此外，在網路時代，那些壟斷性質的媒體資源也正在失去優勢地位。

網路行銷在亞洲擁有大量的潛在受眾，截至 2015 年年底，亞洲擁有 6.88 億網路使用者，而且網路使用者族群表現出了層級化、垂直化的特徵。藉助大數據、雲端計算等新一代訊息技術，可以對網路使用者內容需求進行精準預測。在自由平等的網路環境中，更加強調個性化及人性化的網紅行銷內容也更容易被消費者認可。

更為多元的網紅行銷內容及大量湧現的網路內容平臺，使內容的創造、傳播及消費等諸多環節的參與者大量增加，打破了傳統固定傳播形式對內容傳播的限制。在無處不在的網路的幫助下，多元化、個性化及訂製化的訊息在人們之間快速、高效地流通。在這種環境下，優質的內容可以迅速傳遞到世界上的每一個角落，從而在世界範圍內吸引更多的粉絲族群。

在網路時代，這種全新的內容生態，為網紅行銷推廣提供了極大的便利。網紅以某一特定的消費族群為目標市場，不斷創造優質的人格化內容，吸引更多的消費者。網紅可以藉助社群媒體平臺、影片網站等內容平臺進行訂製化行銷，透過與粉絲的互動，增強粉絲的參與度及忠實度，從而讓粉絲主動對自己創造的內容進行評論及分享，最終取得良好的網紅行銷效果。

相對於明星而言，網紅族群自帶流量而且垂直延伸的品牌形象，顛覆了舊有模式的通路方，在流量分發領域具有極高的話語權。此外，以前明星需要藉助通路方來增加自己的曝光度，從而取得品牌價值；而網紅建立的人格化品牌自帶傳播管道，憑藉自身創造的優質內容即可連接粉絲族群，不需要第三方機構。

以自媒體、影片網站、社群媒體平臺為代表的諸多內容平臺，帶給傳統媒體平臺巨大的衝擊，它們恪守著自由、平等、分享的時代準則，以大量的扶持政策或直接購買的形式吸引優質內容創作者的加入。以前，沒有通路，內容就無法得到傳播；如今，內容的介質、形式及傳播平臺多元化發展，沒有內容支持的通路，終究逃不過被淘汰的命運。

引爆行銷新思維：網紅行銷的三大發展趨勢

近年來，網紅經濟的發展如火如荼，透過這種現象可以看出，隨著網路的不斷發展，內容在流量爭奪戰中占據著越來越

重要的地位。如今，傳統電視媒體及其內容輸出的地位受到網紅的巨大衝擊，隨著網紅的進一步發展，他們很有可能替代傳統明星。但這裡需要明確的一點是，無論娛樂產業還是網紅族群的發展，最基本的都是內容生產。

與傳統訊息內容相比，從網路平臺發展而來的訊息內容，無論是在生產方式、推廣通路上，還是在最終的接收與消費及價值實現方式上，都已經發生了巨大改變。其改革不僅體現在傳播媒介上，更體現在訊息本身的傳達方式上，隨著行動網路的發展，改革會更加深入，影響的範圍也將更加廣闊。

對於眾多內容生產者來說，如今正是憑藉內容優勢獲得發展的絕佳時機。生產者無須在意除內容之外的其他方面，在持續推出優質內容並保持其風格一致的基礎上，經過成熟營運，就能取得最終的成功。

當然，成為網紅並不是一件容易的事，也沒有必要所有人都去研究網紅的發展之路，不過，對當今的內容發展形勢有所認知還是十分必要的。那麼，當今的內容生態領域會往什麼方向發展呢？

(1) 內容是核心

內容是一切的基礎，而內容是由生產者創造出來的。團隊的發展在很大程度上決定了其整體價值的高低，但很多人忽略了一點，那就是團隊化運作仍然無法確保內容的品質。團隊運作確實能夠推動網紅發展，但有決定性作用的，還是中心人物。

綜上所述，成為網紅並不是一件容易的事，如果核心人物本身不具備發展潛力，要將其培養成萬眾矚目的焦點，幾乎是不可能的。對於內容生產來說，不存在規模效應，生產者本身的能力不足，再多的人加起來也不會出現品質方面的改觀。想要提高自身的競爭優勢，最關鍵的就是找到具備傑出生產能力與發展潛力的人，為其提供其他方面的支持，激發其創造力。

對於內容來說，最重要的就是其整體風格與特徵。而產品的風格取決於其核心生產者，他的價值理念、對整體局勢的掌握，能夠在很大程度上決定產品的定位及發展方向。其他因素，比如團隊營運、具體操作步驟以及其他資源，只是進一步突出產品的特徵而已。

(2) 工具是手段

眾多業內人士對網紅的發展進行了研究，其中，很多人將焦點放在短影片平臺如何促使網紅走紅。不可否認的是，工具的變革確實能夠影響內容的生產、行銷及人們的消費行為。比如，傳統部落格變成更加精簡的 IG，工具的創新能夠挖掘出流量中隱藏的商業價值。但仍然要注重內容的生產，以特徵鮮明的內容結合新工具的應用，才有可能實現大範圍推廣。

如果網紅只注重工具的新穎而忽視其他方面，也無法獲得迅速發展，正確的做法是，明確自己的整體風格，深入研究目

標族群的共性特徵，採用切合自身與用戶需求的內容工具、推廣通路及行銷方案，在自身內容風格與新穎工具之間找到契合點，根據自己的實際情況做出決定。

(3) 順勢而爲

在行動網路時代，內容傳播的方式多種多樣，不再受傳統媒介的限制，同時，不同細分領域的用戶對訊息內容有著不同的需求，而網路的發展使內容的全面覆蓋成為可能。這些因素使得越來越多的內容產品，由原本的橫向發展轉而側重於在垂直細分領域的發展。而在當今社會，90 世代的年輕用戶逐漸成為社會主體，他們對於次文化的推崇使這種內容發展趨勢越來越明顯。

在這一大方向的影響下，之前側重於橫向發展而產生的現象級人物會不斷減少，比如國外的麥可傑克森、貓王，亞洲的鄧麗君、李小龍等。可以說，在當今時代，網紅的垂直發展已經成為主流，橫向發展要取得成功簡直是難上加難。

5.2 品牌推廣：網紅如何打造與宣傳自己的品牌

品牌化變革：從賣貨到賣品牌的蛻變

在電商平臺上開設店鋪的網紅，可以憑藉龐大的忠實粉絲數量，創造上億元的年銷售額。網紅透過社群媒體平臺進行行銷推廣，將龐大的流量轉移至電商平臺並快速完成價值變現。從最初的代理商到如今的品牌商，網紅店鋪正在經歷一次從賣貨到賣品牌的轉變。雖然亞洲目前網紅經濟尚處起步階段，但其展現出來的強大影響力已經對以服裝為代表的傳統產業產生了巨大影響。

在去中心化的行動網路時代，80 到 90 世代年輕一代已經成為消費主體，迎合社會主流發展趨勢的網紅經濟具有巨大的優勢。以服裝產業為例，普通的網路商家要進行選款、進貨、行銷、獲取用戶流量等流程，而網紅商家的流程則是出樣衣拍照、粉絲互動、訂製化生產、推廣行銷等。無論是產品更新迭代的速度，還是行銷的精準性，網紅模式都占據絕對優勢。

網紅並不是一個新興概念，在部落格崛起的年代，就有某

些領域的專家在部落格中分享自己的產業經驗、知識技能等訊息，並獲得大量粉絲的關注。網紅經濟得以爆發，源於近兩年電商平臺開展的「雙 11」、「雙 12」等促銷活動。

網紅透過社群媒體平臺，可以在短時間內實現價值變現，而在網路掀起的巨大風暴下，透過規模化生產獲利的傳統企業正遭受著巨大衝擊。那些強調個性化及差異化的產品，更容易獲得年輕一代消費族群的青睞，小而美的極致產品漸成主流。

(1) 從賣貨到賣品牌

以成為品牌代理商為目標的網紅電商，雖然也能夠完成價值變現，但其存在較為明顯的劣勢。比如供應商通路不穩定、缺乏專業化的團隊管理等。網紅經濟要真正崛起，必須要打造一個完整的產業鏈。

目前，許多網紅開始建立專業的團隊，自己設計、生產產品，打造專屬品牌。具代表性的電商平臺已經發展成為網紅傳遞生活理念、創建全新品牌的有效載體。

網紅品牌的營運方式為：通常情況下，網紅團隊自己設計的產品由其自建的工廠負責生產，而一般產品則直接交給合作商家，甚至有的網紅品牌已經開始嘗試開設實體連鎖門市，並由這些實體門市為消費者提供售後服務。

從賣貨到賣品牌的轉變，是網紅經濟的一次重大轉變。網路時代，人們的消費習慣及需求心理產生了巨大的變革。相對於傳統企業而言，誕生於網路中的網紅對這種變化有著更敏感、更深刻的認知，品牌化是網紅族群在不斷試錯後，找到的一條實現跨越式發展的有效途徑。未來的網紅店鋪主要透過兩種模式實現品牌化：一是走輕資產道路；二是向傳統製造業靠攏。

(2) 產業變革即將到來

亞洲經濟正處於結構性調整階段，傳統產業正面臨著嚴重的發展困境，再加上網路企業的跨界融合，企業面臨的市場競爭越發激烈。網紅經濟的崛起為眾多傳統企業提供了借鑑經驗。

傳統企業在營運過程中要承擔沉重的生產、營運、行銷及人事等方面的成本，盈利能力較差。在網路企業的強力衝擊下，許多傳統企業也在尋求變革之路，但限於臃腫的組織結構及僵化的思維方式，它們大多仍選擇以打折促銷的方式來應對網路企業掀起的一輪輪價格戰，而忽略了整個時代正在發生的巨大產業變革。

對於傳統大型品牌商而言，網紅族群的體量目前還不足以威脅其生存。網紅在產品品類、管理經驗及規模生產方面處於劣勢，要實現品牌化發展，需要具備較強的經濟實力與營運能力。就目前的發展情況來看，網紅族群的品牌化之路還有很長一段路要走。

產業變革即將來臨，無論是傳統企業，還是以網紅為代表

的新興組織，都需要在掌握消費者興趣愛好的基礎上，從個性設計、通路拓展、品牌價值等多個方面來加快自己的發展進程，透過為消費者創造價值來贏得消費者的認可及尊重，從而讓企業在激烈的競爭中獲取巨大的收益。

網紅＋品牌商：網紅效應下的掘金機會

傳統商業模式在網路的衝擊下正在發生顛覆性變革，迎合時代發展趨勢的網紅經濟逐漸崛起。2015 年，許多網紅開設的電商店鋪年度產品銷量都突破了百萬大關，一些網紅的出場費甚至高達數十萬元。如今，網紅族群已經不再是飽受人們質疑的「粉紅女郎」，而是演變成一種新型的電商行銷模式。

(1) 變現能力超越傳統廣告

網紅最早出現在部落格時代，他們是部落格經濟的主要受益者之一，其商業模式和歐美地區的時尚部落客十分類似。在社群媒體平臺上吸引粉絲，透過與品牌商進行合作或打造自有品牌等方式實現商業變現。隨著時代的發展，又出現了一種新型的商業模式：網紅透過個性、外貌、才藝展示等在社群媒體平臺上吸引大量的粉絲族群，並透過在電商平臺開設店鋪完成價值變現。

網紅族群的利潤來源主要是品牌合作、廣告代理、開設電商店鋪等。2015 年 10 月，巴黎萊雅與在 Instagram 平臺上擁有 220 萬忠實粉絲的時尚部落客 Kristina Bazan 簽訂合作協議，高達七位數的簽約價格讓人們體會到了網紅族群的強大變現能力。

亞洲的網紅經濟雖然發展時間較短，在規模上還遠不及發達國家，但發展勢頭卻十分迅猛。網紅族群主要活躍在各大社群媒體平臺。以服裝訊息分享成名的一名網紅，擁有將近 45 萬粉絲，其發布的推廣訊息可以在半小時內有超過 10 萬次以上的閱讀量，其估值達到上千萬美元。

2016 年，「網紅」的火熱程度絲毫不減，網紅族群不再只是透過各種搞怪行為博取外界關注的網路人物。他們憑藉著精準高效的訊息推廣，對傳統媒體形成了巨大的衝擊，其優質的行銷效果及變現能力更是受到了眾多企業的青睞。

(2) 幕後推手360度行銷

網紅經濟受到廣泛關注的一大原因就是其較強的粉絲轉化率。通常情況下，轉化率能達到 5% 的網紅，即可擁有較強的變現能力，而頂級網紅的粉絲轉化率能達到近 20%。網紅市場的蓬勃發展，受到許多創業者的廣泛關注，一些專門為網紅族群提供服務的創業公司應運而生。

一些網紅培訓公司甚至在短時間內憑藉網紅的超高人氣，打造出多個電商店鋪，引起一些投資機構的關注。

(3) 粉絲經濟改變消費模式

雖然有美麗容貌的網紅更容易獲得成功，但是除了容貌以外，網紅也需要有一定的才藝、技能、專業知識等。時尚裝飾類的網紅，必須擁有較為專業的時尚裝飾知識及對潮流趨勢的掌控能力；遊戲主播必須要具備較高的遊戲水準、良好的溝通能力、才藝展示能力等。

網紅經濟的發展也體現了當前社會環境及大眾心理所發生的巨大變化。在行動網路時代，人們追求自由、共享、開放、合作，每一個人都可以成為外界關注的焦點。網紅向人們傳遞出的不僅僅是產品訊息，更是某種獨特的人格魅力及生活方式。粉絲族群不只是在為網紅推送的產品買單，更在為網紅的價值理念及生活方式買單。

(4) 未來何去何從

誕生於網路時代的網紅經濟，正在深刻改變著傳統行銷模式。與報紙、雜誌、電視等傳統傳播方式的單向傳播所不同的是，網紅傳播訊息更為精準、更加高效，雙方還能夠進行即時互動，網紅只需在自己的朋友圈發布推廣訊息，短時間內點閱量即可過萬。

亞洲的網紅經濟尚屬初期發展階段，從整體來看，網紅族群的規模較小，而且網紅在營運經驗、產品設計、業務拓展等方面與傳統企業相比還具有較大的差距。但隨著網紅經濟的不斷發展，會有越來越多的參與者加入進來，整個網紅市場將爆發出巨大的能量。

從本質上來看，網紅經濟所反映出的消費模式的巨大變革，其實是網路時代產業模式轉型升級所導致的必然結果。和明星族群不同的是，網紅更為個性化，更加平民化，與粉絲族群的互動性更強。

在 80 世代及 90 世代這一新生代消費族群不斷崛起的背景下，網紅經濟將進入快速發展期。但同時，我們也應該注意到，具有濃厚「草根」色彩的網紅族群，缺乏相應的產業規範及有關部門的監管，在內容品質及道德層面上容易引發外界的爭議。

網紅 3.0 時代，如何打造與推廣自身品牌

一場由網紅經濟掀起的巨大產業革命正在席捲而來。網紅經歷了以網路文學為代表的 1.0 時代、以網路紅人為代表的 2.0 時代，如今，網紅正朝著「社群媒體平臺吸引用戶流量、專業培訓公司推廣、電商平臺價值變現」的 3.0 時代發展。

經過幾年的發展後，網紅族群不再單打獨鬥，一些網紅背後有專業的團隊，有的甚至有專業的公司。為了提升自己的變現能力，網紅族群正在朝著品牌化的方向發展。

(1) 如何打造品牌

與打造傳統品牌需要有產品作為載體一樣，打造網紅品牌首先要有一個網紅作為支撐。透過某些特定的網路事件而獲得大量關注的網路人物，並不一定能成為網紅，網紅要有持續吸引粉絲關注的能力。比如具備相關領域的專業知識、較強的人格魅力等。

網紅透過在社群媒體平臺發布對某一事件的獨特見解、展示自己的特殊才藝等方式，來吸引粉絲的關注，在透過與粉絲進行交流互動累積了足夠的人氣後，網紅品牌便可以嘗試價值變現。各種社群網路通路，都是網紅進行行銷推廣的戰場。透過推送廣告的方式獲取收益，是大部分網紅完成價值變現的重要方式之一。

2015 年，一位科技公司 CEO，對未來網紅電商的發展前景給予了高度評價，他認為網紅是新經濟力量的體現，擁有強大影響力的網紅品牌將釋放出巨大的價值。

據統計，電商平臺上的女裝類網紅店鋪在 1,000 家以上，部分店鋪的粉絲量可以達到百萬級別。這些店鋪透過社群媒體平臺向粉絲族群分享時尚潮流資訊，吸引粉絲參與互動，並在電商平臺上為粉絲訂製產品，將訂單交給合作商家或者自己建立的工廠，從而形成獨特的網紅電商模式。

(2) 還要會推廣

與目前廣受網路企業追捧的 O2O 模式一樣，網紅品牌不僅要有專業的團隊，還要能推出一些吸引外界關注的話題。早在以網路文學為代表的網紅 1.0 時代，網紅族群的背後就有專業的團隊或公司負責推廣。

在網紅 3.0 時代，憑藉一些搞怪影片、大尺度的自拍照等已經無法吸引網友的關注，網紅需要展現出個性化的生活理念、專業的產業見解，而且還要傳播正能量。

一些網紅品牌在打造完整的產業鏈方面也取得了不錯的效果。一位網紅「小辣」，以發布服裝搭配的方式吸引用戶族群，不但與多家品牌商建立了合作關係，還自建服裝品牌，實現產品設計、生產、行銷、交易、售後服務等多個環節的全流程管理。

此外，網紅培訓服務模式也是網紅品牌打造完整產業鏈的有效方式。由於亞洲的網紅團隊在供應鏈管理、營運經驗及商業化方面存在明顯不足，專門為網紅族群提供綜合服務的網紅培訓公司便大量湧現。憑藉其在供應鏈管理、豐富的營運經驗等方面的優勢，開始實現網紅品牌的批量生產，並透過網紅的龐大粉絲族群在電商平臺上完成了價值變現。

第六章
企業轉型：
打造企業專屬的網紅經濟

6.1 建構網紅模式：企業如何在社群經濟時代下進行轉型

社群經濟時代：一個新商業的構建

隨著人類社會的不斷發展，商業形態發生了巨大的變化，人類先後經歷了狩獵採集、刀耕火種、男耕女織、機器生產、電子資訊等時代。行動網路的快速發展，全新的交流與溝通方式，讓人們跨越了時間與空間的限制，實現了即時互通，訊息傳遞及價值傳播的效率大幅度增長。在這種背景下，社群經濟引領的全新社會形態正在逐漸形成，商業發生了顛覆性的變革。

傳統商業更強調交易過程，每一次行銷都以實現銷售為直接目標。在物質資源相對匱乏的年代，資源的占有是企業競爭的主要手段，企業透過規模化生產降低邊際成本來創造價值。如今，人們的生產力不斷提升，整個社會已經進入產能過剩時代，仍然採用規模化生產的商家發現自己陷入了嚴重的庫存危機。企業發現商業從簡單的物品與金錢的交換轉變成了人與物及人與人之間關係的經營，研究消費者的消費行為與需求變化成為企業克敵制勝的關鍵。

在傳統商業模式中，企業將產品轉移到消費者手中，商業流程就算全部完成了，物品所有權的轉移是傳統商業模式的主要特徵。一些想要與消費者進一步交流溝通，以獲取消費者訊息反饋的企業，由於缺少與消費者溝通的手段，只能被迫選擇與第三方數據研究機構合作，來挖掘用戶的潛在需求，從而提升企業的應變能力與盈利能力。

網路的不斷發展，使這種情況發生了根本性的變化，全新的商業形態應運而生。以產品為中心的傳統商業形態將被淘汰，那些僅簡單地將商品出售給消費者的企業，生存空間被大幅度壓縮。

過去，將商品傳遞給用戶的環節，是整個價值變現過程中最為關鍵，也是耗時最長的環節。如今，在社群粉絲經濟中，將商品傳遞給用戶的過程，僅是一個簡單的開始，企業還要讓用戶對產品進行傳播，從而吸引更多的用戶族群，建立成為粉絲社群。企業透過社群經營挖掘消費者的潛在需求來創造更高的價值，是未來商業發展的主流趨勢。

在傳統商業社會，商業停留在企業將客戶發展為用戶的階段，用戶的許多潛在需求沒有得到充分開發，企業損失了大量的透過增值服務來創造價值的機遇。對於網路時代的企業而言，需要將整個商業流程進一步細化，理清商業流程的各個環節，以形成較強的外部競爭力。

通常，產品的第一批忠實用戶被稱為種子用戶，小米手機的崛起正是得益於其最初的100個「夢想贊助商」。種子用戶對企業的產品具有高度的認同感，並且樂於將產品在自己的人際網路中進行推廣。以前，人們傳遞訊息的方式依賴於媒體組織，而在進入自媒體時代的今天，訊息傳播的通路更為多元化，每個人都可能成為訊息的創造者。藉助社群媒體平臺的力量，作為買方的消費者，在交易過程中的話語權得到大幅度提升。

由於社群媒體平臺傳遞訊息的能力異常強大，使得訊息傳播效果被無限放大。如果企業輔以情感行銷、內容行銷等行銷方式，就可以獲得龐大的忠實用戶族群，用戶族群的大規模聚集就創造了社群。

社群經濟時代，企業需要轉變思維。企業想要成功地管理社群並創造更多的價值，需要從群內組織成員的角度來考慮問題，收集社群成員的意見及建議，爭取為企業創造更多價值。

社群的形成，需要有一群興趣愛好或者價值觀一致的人聚集起來，這樣的族群有著強大的傳播能力。在企業推出新產品或者服務時，社群可以在極短的時間裡幫助企業行銷推廣。產品是企業與消費者建立連接關係的有效工具，盈利能力更強的增值服務才是企業真正關注的重點。

企業之間的競爭越發激烈，產品同質化、惡意價格戰等問

題，已經成為許多產業的痛點。發展以情感連接為紐帶的社群經濟，是企業從激烈的競爭中脫穎而出的關鍵所在。未來，社群經濟將成為一種主流的商業發展趨勢，企業需要在粉絲族群的獲取方面投入足夠的資源，為即將爆發的社群經濟做好準備。

行動社群時代的「企業 + 電商網紅」模式

經過一段時間的發展，網紅經濟已延伸至多個領域。網紅可以分為不同的種類，其中，企業發展影響最大的是電商網紅。電商網紅是指以產品為吸引點、外貌出眾、擁有眾多粉絲的網路紅人，這類網紅以產品銷售為最終目標，他們有以下 3 個特徵：

擁有強大的鼓動能力，他們推薦的產品，通常能夠得到大批粉絲的認可，在短時間內獲得大規模成交。比如，知名網紅推薦的服裝經常成為熱銷產品；

超過八成網紅的背後有專業的經紀公司與營運團隊。國外一家電商經紀公司，該企業在規模上占據絕對優勢地位，超過 50 家網紅店鋪與該電商達成了合作關係，統計結果顯示，業界內大約有一半電商網紅由該公司掌控。

電商網紅與普通網紅是不同的，主要體現在兩個方面：一方面，4/5 的普通網紅是在機緣巧合下透過網路平臺走紅的，而電商網紅是透過團隊化運作發展起來的，相比之下，電商網紅的經濟效益更強，更能促進粉絲變現；另一方面，電商網紅主要以商品吸引粉絲的注意力，能夠更加充分地挖掘用戶的商業價值，並促使其進行重複消費，普通網紅可能擁有更多的追隨者，但很難實現商業轉化。例如，雖然網紅 A 的粉絲突破了千萬，但相比之下，擁有幾百萬粉絲的網紅 B 更能激發粉絲的消費欲望。

到 2016 年年初，在亞洲社群平臺上達到 10 萬粉絲的電商網紅在 5,000 人以上，這些網紅經營的商品以服飾、美妝產品、農業產品及養生保健品為主。企業在與電商網紅合作發展的過程中，應該注意於以下幾個方面的問題：

網紅在日常營運中是否有完善的產品供應體系；

對於網紅及其背後的經紀公司來說，透過社群平臺獲得粉絲用戶是必不可少的；

隨著影片發布管道的不斷增多，網紅與傳統明星之間的差別逐漸縮小，在這種趨勢下，生活服務類電商網紅有很大的發展空間。所以，傳統企業應該在認清發展大局的基礎上改革自身，運用網紅電商模式開闢發展道路。

藉助「網紅思維」，開啟微網紅創業模式

從理論上來說，只有規模足夠大的傳統企業才能運用電商網紅模式進行轉型，那麼，那些規模較小的企業和新創企業，

應該如何聯手網紅經濟呢？

通常來說，小規模傳統企業無須涉足網紅經營，但要了解並掌握網紅思維，透過粉絲用戶的累積，在節約成本消耗的同時達到品牌行銷的目的，提高用戶的依賴性，增加回頭客。另外，創業人員也應該具備網紅思維，將更多的注意力從產品本身轉移到消費者身上，先獲得消費者認可，再進行產品行銷。也就是說，對小規模傳統企業與創業人員而言，最佳方式是順應網紅經濟的發展大潮，採用網紅思維，發展微網紅。

所謂微網紅，是指那些掌握特定產品的應用及時下流行趨勢，利用社群平臺獲得某細分領域內一定規模（一般不超過 100 萬）粉絲關注的紅人，由紅人自己負責商品策劃、內容設計、推廣、行銷、售後服務等整個流程。

微網紅同網紅一樣擁有自己的粉絲，但粉絲數目要少一些，只是在某個小圈子裡有一定的知名度，能獲得用戶的支持與認可。簡單來說，微網紅模式就是由某個具備某方面特長的人為用戶推薦產品，其影響力要低於網紅模式，推廣範圍也較小，但比經營普通產品的電商模式影響力要大一些，處於發展初期的企業採用微網紅模式比較恰當。

一些利用動態消息開展微商經營的人也屬於微網紅的範疇，當然，那些靠層層拉下線、不斷發布商品訊息洗版的人除外。部分微商在確保產品品質的基礎上透過社群平臺發送某些商品的推廣訊息，他們不一味追求出售規模，好友會在信任經營者的基礎上進行產品消費。

不少微網紅經營者，用社群平臺累積自己的用戶基礎，最終在電商平臺上完成與粉絲用戶之間的交易，這些經營者不會將用戶流量轉售給其他人，這種微網紅模式也能獲得持續性發展。

對於傳統企業而言，結合微網紅模式的方法有三種：第一種是在企業內部人員中尋找有潛力的人，透過提供資源支持將其打造成微網紅；第二種是聯手微網紅，實現自身產品的推廣；第三種是透過微網紅實現企業品牌及自身商品的行銷。

創業人員採用微網紅模式的具體發展歷程是，首先要了解你經營的產品，然後透過社群媒體及影片平臺進行產品推廣，獲得粉絲用戶的關注，進而從眾多普通經營者中脫穎而出，逐漸提高商品銷售規模。

6.2 快速發展：傳統品牌該如何坐上網紅經濟快車

品牌新打法：企業品牌如何與網紅接洽

隨著時代的發展，「網紅」的概念發生了變化。不過，今天的網紅與傳統網紅仍有相似之處，即擁有鮮明的個人特色，能夠進行自身的推廣。

近年來，自媒體的發展十分迅猛，無論是社群平臺，還是影片網站，都湧現出一大批網路紅人。與傳統網紅不同，新時代的網紅不僅追求個人形象的推廣，還注重商業價值的實現。在利用社群平臺累積了大規模粉絲之後，都融入了商業模式，透過激發粉絲的消費需求實現了盈利。也就是說，網紅透過發揮個人影響力使粉絲用戶變成了自己產品的潛在消費者。

網紅已經逐漸成為新時代的流量入口，形成了規模化的網紅經濟。網紅經濟更注重商業價值的開發，從某種程度上來說，網紅經濟是社群經濟發展到一定階段的產物。

進入行動網路時代後，社群經濟的發展速度也逐漸加快。

粉絲經濟爆發出的商業價值，使企業經營者逐漸意識到網紅的重要作用，一些企業開始嘗試自身商業模式的革新。

如今，社群經濟的平臺化特徵日漸明顯。很多有創造力的人憑藉高品質的內容輸出獲得粉絲的推崇，從而成為網路紅人。不少網路紅人涉足電商領域，將商品訊息發布到用戶集中的線上平臺。網紅比普通電商經營者具有更強的感染力，他們能夠根據粉絲的需求與興趣進行商品推廣，更能獲得粉絲的認可與信賴。

網路紅人透過個人品牌的打造，突出產品的個性化特點，並以大規模粉絲用戶為消費族群，利用粉絲經濟模式大幅提高商品的銷量。小米的商業模式就是圍繞粉絲行銷展開的。小米以手機產品的推出為基礎，激發「米粉」的購買欲望，同時促使他們自發進行產品的宣傳，小米的行銷方式詮釋了社群行銷的基本流程。品牌從社群發展而來，又反過來推動了社群的壯大。

在網紅經濟模式的應用上，一個網路家電品牌是將其實踐的傑出代表。該企業在深入分析網紅經濟的基礎上，提高了品牌的影響力，對用戶形成進一步的吸引。透過持續推出符合產品特性的網路紅人，將網紅的形象與企業品牌連繫在一起，使消費者對企業有了更直觀的了解與更加深刻的印象，增強了品牌的文化價值，擴大了品牌的影響力。

企業如何才能順應社群平臺的發展潮流，提高自身的品牌

影響力呢？正確的做法是，透過品牌打造累積粉絲，實現粉絲經濟變現。總體來說，企業要借鑑網紅的發展道路，透過社群平臺進行品牌推廣，樹立良好的形象，聚集自己的粉絲用戶，提高整體盈利能力。

品牌突圍戰：「社群平臺＋品牌紅人」模式

社群平臺的迅速發展，使商業模式與行銷方式更加多樣化。為了獲得進一步的發展，眾多企業紛紛建立起自己的社群平臺，接下來要做的就是平臺的經營與日常維護。只有維持平臺的正常運轉，才有可能實現紅人的推出與最終的變現，而無論是什麼類型的平臺，都要以內容行銷為基礎。

網紅雖然能夠在短時間內吸引網路用戶的關注，但他們的鋒芒也很容易被掩蓋。藉助於網路平臺，一批批的網路紅人相繼湧現出來，即便網紅本身擁有鮮明的個性化特徵，隨著市場競爭的日趨激烈，宣傳力度更大的紅人終究會不斷出現，因此，企業與第三方平臺合作依然存在太多不可控的因素。在這種情況下，一些企業開始建立並獨立營運平臺，從網路紅人打造到品牌行銷完全由自己來完成，但這個經營過程需要大量的資金投入，而且最終的變現結果無法精準預測。

為了減少成本消耗，很多企業與第三方社群平臺達成合作關係，借用它們的平臺優勢進行商品訊息的推廣。這樣做的優勢在於，能夠在短時間內實現流量變現。第三方社群平臺能夠根據企業需求為其建立有效的社群應用，便於企業進行有針對性的產品推廣。

企業選定平臺之後，接下來要做的就是打造符合品牌特點的紅人，並確保其輸出的訊息符合企業的文化理念與價值訴求。紅人透過與用戶進行頻繁的交流互動使用戶產生情感共鳴，最終挖掘出粉絲用戶的商業價值。利用網路平臺，企業能夠獲得大量的用戶訊息，透過訊息分析和處理就能找到用戶的內在需求。第三方社群平臺能夠幫助企業實現潛在消費者的累積，促進品牌紅人與用戶之間的交流互動，提升品牌的內涵，透過一系列運作擴大品牌的覆蓋範圍。

隨著社群平臺的營運趨於成熟，越來越多的人加入這個領域，企業品牌也擁有了更多的支持者。如今，電商平臺與社群媒體的融合度不斷加深，社群電商逐漸登上商業歷史舞臺，企業要透過品牌經營獲得更多的利潤，就要推出與企業品牌相契合的紅人，透過網紅對粉絲價值的開發實現最終的變現。

進入行動網路時代後，很多傳統經營模式發生了變革。

網紅經濟實現了粉絲的商業價值開發，促使更多的商家開始以社群經濟為基礎尋求流量變現。國外一個知名第三方社群平臺，該公司利用平臺優勢進行垂直細分領域的開發，不斷拓展品牌的傳播範圍，使品牌訊息能夠更加快速地到達粉絲用戶

族群。在與粉絲的交流過程中，關注用戶的反饋，並據此完善品牌行銷方案，增加其附加價值。

社群經濟具有廣闊的發展前景，近年來，越來越多的企業認知到這一點，並聚焦於網紅經濟與粉絲經濟的結合。從總體上來說，如今的社群行銷逐漸發展成品牌行銷的主導模式，與網紅合作成為企業提高品牌影響力的一種有效方式。

隨著社群經濟的不斷發展，行動社群平臺的運作會更加成熟，透過品牌紅人的打造累積粉絲用戶並最終提高盈利能力的模式，將被越來越多的企業實踐。為了達到理想的行銷效果，將會有越來越多的企業開發並經營社群平臺。

網紅＋服裝品牌：傳統服裝企業的銷售革命

在網路迅速普及的大背景下，傳統服裝產業鏈也融入網路基因，形成了實體和線上通路有機結合的行銷模式。其中，隨著網紅經濟的迅速崛起，網紅店鋪逐漸成為服裝業線上銷售的最新、最有效形式，既在供給端優化了供應鏈體系的運作效能，又在零售端解決了服裝業精準化、個性化行銷的難題。

(1) 網紅買手制的購物模式：提升供應鏈效率

在服裝的設計、生產和銷售三大環節中，設計和生產屬於整體產業鏈中的供應端。當前，服裝產業鏈的大部分環節都是由品牌商負責的，即品牌商透過多種通路感知和掌握時尚潮流，圍繞市場需求進行產品設計，然後自己生產或者透過外包的形式生產。

然而，品牌商的真正優勢是品牌塑造，在服裝設計、生產和終端行銷管控等環節往往缺乏專業性和優勢，因此在生產的過程中，很容易陷入銷售效率下降、庫存成本上升、資金周轉緩慢的窘境。

與此不同，網紅作為服裝領域的意見領袖，能夠敏銳感知服裝業時尚潮流的變化，並能根據自我品位和形象的打造引導粉絲的選款與消費行為，實現服裝的精準化、個性化行銷，從而極大地提升服裝產業的供應鏈效率，緩解品牌商的庫存和資金周轉壓力。

(2) 網紅銷售模式：爲品牌商打開客流新通路

服裝產業鏈零售端包括實體店、線上網路店鋪以及最新的網紅店鋪 3 種模式。

一、實體店

在實體店直營模式中，品牌商要負責店鋪的選擇、租賃、營運，店員的僱用以及服裝品牌的推廣宣傳等，並由此帶來了店鋪租金、員工薪資、廣告費用和其他一些營運支出。

在品牌創立初期，品牌商能夠透過不斷增加實體店鋪獲取

規模效益，廣告行銷也由於從無到有的投入而對銷售業績有明顯的加乘效果。不過，隨著公司規模的不斷擴張必然會導致新增店鋪的邊際效益下降、成本上升。而且隨著服裝業快時尚、個性化消費特質的不斷凸顯，以往的品牌廣告行銷效益也會持續下降。同時，人力成本、房屋租賃成本的不斷抬升，也會進一步加重品牌商實體店的營運負擔。

二、線上 B2C 電商

在實體店營運成本上升、收益獲取能力不斷下降的情況下，服裝品牌商亟需融入網路基因，以開拓更為高效廉價的品牌推廣通路、獲得更多的品牌客戶，這就推動了 B2C 電商模式的崛起。

在 B2C 發展初期，電商公司的核心目標是吸引大量的用戶流量，培養人們的線上消費習慣。因此，電商平臺對品牌商收取的引流費非常少，以吸引更多的商家轉移到線上平臺。隨著網路的普及，網路用戶的數量呈爆炸式增長，這也推動了各服裝品牌商不斷入駐電商平臺，以緩解實體直營店鋪不斷攀升的成本壓力，實現更有效的品牌推廣。

在經過十幾年快速發展擁有了堅實的用戶基礎後，電商平臺開始進行流量變現，其對平臺上品牌商收取的引流費用不斷增加。根據一家電商平臺發布的年度報表，從 2012 年到 2015 年，該集團廣告服務收入在平臺成交總額中的占比由 1.2% 快速上升到 2.4%。

電商平臺交易抽成和廣告引流費用的不斷增加，抬升了各品牌商的線上廣告成本。例如，知名服裝電商品牌 C，其廣告支出在總收入中的占比已經超過 10%，其旗下很多子品牌的這一數據甚至達到了 20% 到 30%。

在傳統 B2C 電商平臺客戶獲取成本不斷攀升、廣告變現能力越來越差的情況下，各品牌商基於「網路 +」新常態下消費者的心理和行為特質，開始探索新的更有效和更低廉的線上導流與變現模式，以取代成本不斷上升的中心平臺模式。

三、網紅店鋪

網紅經濟的迅速崛起，讓困於中心平臺模式的品牌商找到了吸引流量和行銷變現的新路徑。網紅是一種更加平民化、大眾化、低廉化的粉絲經濟形態。作為意見領袖的網紅基於自身在特定領域的專業性和影響力，可以有效引導粉絲的消費選擇，藉助大量的社群流量為品牌導入更多客戶，提高品牌行銷的精準性；同時，消費者對網紅推薦的產品也有著很高的認同度和接受度，從而大大提高了產品行銷的轉換率。

而且，隨著社群平臺的快速興起與普及，網紅逐漸吸引到越來越多的粉絲族群，實現了更多的流量導入和社群資產變現。這進一步推動了各品牌商布局網紅經濟產業鏈，以網紅的個性化展示取代以往依託中心平臺的廣告宣傳方式，實現零售

端的精準行銷和高效變現。

國外龍頭網紅經紀公司提供的數據顯示，公司對旗下 50 個網紅店鋪的年度營運維護費用總計為 5,000 萬元，這 50 名網紅創造的年銷售額接近 5 億元，網紅店鋪的營運維護費占比為 10%。雖然在成本方面，網紅與實體門市和線上 B2C 電商模式相當，但在提高供應鏈效率以及流量變現方面，網紅模式卻是後兩者難以企及的。

(3) B2C2C模式：網紅推動社群電商的崛起

在實體店及 B2C 電商中心平臺模式，遭遇流量獲取和變現瓶頸的情況下，網紅銷售模式成為品牌商實現高效引流和變現的新通路。網紅在社群平臺上累積的大量粉絲用戶，為品牌商帶來了大量的流量資源，而網紅買手制的購物模式，又極大提升了品牌行銷的精準性、有效性，從而為品牌商提供了一種基於社群平臺的全新行銷模式。

從這個角度來看，網紅銷售不僅是一種銷售模式的改變，還實現了品牌商交易場景的轉移：從中心化的電商平臺轉向行動社群場景，從而推動了「網路 +」時代行動社群電商 B2C2C 模式的發展創新。

品牌商向網紅交易模式的轉移，使依賴於社群平臺的網紅能夠吸引到更多的流量、獲得更多的社群資產，反過來又提升了產品展示和品牌推廣的效率。由此，以網紅為代表的行動社群電商模式透過與社群平臺的無縫連結，大大提高了產品交易規模，實現了社群資產的順利變現。

隨著網紅經濟的快速發展，傳統 B2C 電商的中心平臺搜索推送模式將受到極大的衝擊與顛覆：越來越多的消費者將透過網紅社群帳號轉入品牌界面，越來越多的線上交易將採用可以直接連接社群平臺的行動社群電商模式。總之，網紅強大的流量導流和行銷變現能力，推動了基於社群平臺的行動電商模式的快速崛起，從而削弱了以往電商平臺的購物方式，促進了更能滿足消費者個性化、快時尚需求的去中心化線上購物形態的到來。

網紅＋化妝品品牌：引爆化妝品品牌的口碑效應

2016 年，網紅成為社會各界關注的焦點。他們憑藉較強的才藝、獨特的個性等受到大量粉絲的青睞，當然對於企業來說，更為關注的則是其較強的變現能力。

網紅在服裝領域尤其是女裝領域的影響力極為強大，其獨特的搭配風格加上完美的身材，讓許多女性消費者爭相搶購其推薦的款式。當然，這種外表上的優勢絕不僅僅表現在服裝領域，在化妝品領域，網紅也同樣一呼百應。網紅們推薦的化妝品品牌很多，無論是本土品牌，還是迪奧、蘭蔻等國際品牌，都在其覆蓋範圍內。韓國化妝品品牌採用網紅行銷的更為普

遍，其中，Etude House、Clio 珂莉奧等品牌是採用網紅行銷的典型代表。

網紅族群在社群媒體平臺擁有大量的粉絲，其影響力也多來源於此，所以化妝品品牌與其進行合作時，通常需要藉助這些新媒體平臺。一些企業選擇讓網紅在其活躍的平臺上直接進行品牌推廣，也有一些企業選擇了更高明的方式 —— 與網紅合作進行品牌行銷。

以一家化妝品企業來說，透過簽約網紅，幫助其開設網路店鋪，來對產品進行行銷推廣。在這種模式下，網紅擔任品牌代言人，透過公司幫自己開設的店鋪提升企業產品的銷量。

網紅族群的變現能力，是化妝品品牌選擇與他們合作的直接原因。網紅透過品牌行銷完成了產品導購環節，網路的便利性及龐大的粉絲族群能夠充分保證引流及轉化效果。

與傳統行銷方式相比，網紅行銷可以被有效量化。網紅主要是在網路平臺向自己的店鋪引流，線上的銷售數據可以被後臺系統記錄並集中分析處理。從這些數據中，企業可以直接得到詳細的曝光、引流、銷量、客單價及轉化率等量化指標。此外，透過分析網紅發布的行銷內容的轉發及評論資料，也能衡量網紅行銷的效果。

除了可以被量化以外，良好的行銷效果也是網紅行銷的一大優勢。而網紅作為企業品牌的代言人，也可以從銷售額中獲得一定比例的分成。一個擁有上百萬粉絲的網紅，在店鋪出新品後，幾天之內的銷售額就可以達到上百萬元，平時再配合一些促銷活動，年度交易額甚至可以達到上億元。

另外，網紅在提升企業品牌形象及影響力方面的作用也得到企業的認可。在亞洲市場，韓國一個知名化妝品品牌目前正在探索與網紅合作，從提升其品牌影響力。該品牌亞洲區負責人表示，作為時尚達人的網紅，在化妝品領域有著較高的話語權。如果化妝品品牌能夠被多個網紅認可，並得到網紅的品牌背書，該品牌在消費者心中的形象將得到極大提升。

一些中型化妝品企業在運用網紅進行品牌行銷方面，尚屬探索階段。類似於先行者僅占極小的比例。當然這與企業的商業模式存在密切的關係，那些以線上通路為主的企業會更傾向於與網紅合作。

如火如荼的網紅經濟也吸引了各路玩家的加入，2015 年，一些電商起家的創業公司在發現網紅的巨大商業價值後，開發出了為網紅提供包裝、培訓、店鋪供應鏈管理及代營運等多種服務。

在這些網紅培訓公司快速發展的背景下，能夠獲取網紅經濟紅利的，不會只侷限於服裝產業。未來，大量的自主品牌將不斷湧現，在網紅的影響下，其必將打破國際品牌在某些高端市場居於壟斷地位的不利局面。

媚比琳：利用網紅圍觀效應，放大垂直網紅價值

YouTube 作為世界上最大的影片平臺，很多年輕女性會在該影片平臺上發布自己在服裝搭配、化妝等方面的經驗和技巧。其中，有一部分人脫穎而出，獲得眾多粉絲的青睞。眼下雖然無法確切知道這些美妝類影片在同一時間內能夠吸引多少用戶關注，不過有一點是可以肯定的，那就是美妝已經成為當今女性族群的硬性需求，而且這種需求還能延伸出其他眾多零散需求。

一些富有洞察力的企業正是利用這一點，推出了與美妝相關的行動應用程式。在美妝方面比較擅長的用戶，會以影片形式在 APP 上分享自己的經驗與技巧。該平臺也吸引了一些電商企業的參與，借此進行產品推廣。

當然，無論是網路紅人還是美妝達人，自製影片內容並發布到網路平臺上，以此來進行個人品牌的推廣，只是他們的部分價值體現。有些網紅在獲得較高知名度並累積了大量粉絲之後，會採取一些措施變現，而直播方式能夠更加充分地挖掘其中的商業價值。

為了提升自身品牌的影響力，很多企業採用了直播方式，如今，該模式也發展得越來越成熟。例如，彩妝品牌媚比琳於 2016 年 4 月在紐約舉辦名為「Make It Happen」的秀場發布會，此次活動舉辦的目的是進行新品的推廣。值得關注的是，出席此次活動的不僅有其明星代言人，還有 50 名網紅參與同步直播。

在發布會舉行之前，為了擴大宣傳效應，媚比琳以網紅圍觀為宣傳點打造 HTML5 廣告，並以「媚比琳最潮直播間」來命名。為了方便用戶觀看直播，媚比琳還附上了網紅直播的影片連結地址，讓用戶即時了解發布會的進展。參與此次發布會的網紅都在美妝領域受到大批粉絲的追捧，他們的粉絲數量都達數十萬。其中一些紅人已經擁有獨立經營的美妝實體店，發展勢頭良好，月收入甚至能夠達到幾十萬元。

雖然這些網紅不屬於同一個平臺，但在媚比琳舉行發布會期間，他們卻都聚集在影片平臺上進行現場直播，原因是什麼呢？是網紅們早在發布會之前就進行了協商，還是媚比琳與影片平臺達成了一致呢？無論是哪一條，都與影片平臺本身有關。

媚比琳之所以與美妝網紅合作，原因在於這些紅人都有固定的粉絲，還能夠獨立生產內容並進行傳播。相比之下，偶像明星需要更多的資金投入，還很難抓住用戶的需求，而網紅能夠將商品推薦給有需求的粉絲用戶，擴大其推廣力度。雖然明星被大眾所熟知，影響範圍更廣，但其精準性無法與網紅相提並論。

另外，很多網紅最初都是從短影片平臺發展起來的，他們的發展歷程有很多共同之處：在開始階段將自製影片分享到短

影片平臺上，吸引粉絲的同時提高自己的影響力，接下來再向其他領域拓展，短影片平臺成為他們的起家之地。

如今，透過直播，網紅的個人品牌形象塑造得愈加成功。很多人利用各種影片平臺脫穎而出成為網紅，這些人能夠在訊息輸出的基礎上激發粉絲的積極性與參與性，使粉絲認可自己推薦的產品，並挖掘其中蘊藏的商業價值。

直播是網紅使用的工具與技術手段，隨著網路的不斷發展與普及，內容呈現的形式從最初的文字與圖片轉變成語音，之後又轉變成短影片以及如今新興的直播。

有很多網紅是透過短影片發展起來的，他們在大規模累積粉絲的基礎上不斷發展。

相對於偶像明星而言，大多數網紅的影響僅限於某個特定的領域，範圍比較小，因此，網紅的行銷效果要延遲一些，然而，正是眾多垂直領域共同構成了整個網路體系。

大多數女性從年輕時就開始購買美妝產品，而且，隨著經濟水準的提高，其消費能力也會逐漸增強。所以，從這個角度來分析垂直網紅對美妝產品的推廣，即便剛開始有點混亂，但網紅行銷的針對性確實要強一些。

那麼，媚比琳在紐約發布會上邀請 50 名網紅，能夠帶來什麼影響呢？

一、能夠充分挖掘網紅的商業價值

近年來，隨著網紅經濟的發展，網紅族群涉足的領域越來越多。最初以網路遊戲主播為主，而今，很多細分專業領域都出現了擔當意見領袖的網紅。這些網紅不僅擁有粉絲基礎，還熟練掌握特定領域的技術，並得到該領域大眾用戶的認可，因此很多知名品牌發布會都會邀請網紅參與。

如果以流量累積、粉絲規模為標準來衡量網紅與傳統明星的價值，若網紅的粉絲數量突破 1,000 萬，則其價值與影響力可能會超過明星。正是因為相同的流量基礎，用於網紅的成本投入比多數明星都要低，網紅經濟才成為眾多業內人士討論的話題。

二、直播推動傳統廣告方式的變革

如今，為了擴大宣傳，越來越多的企業開始嘗試採用直播方式，那些仍然固守傳統行銷模式的商家則處於被動地位。例如，杜蕾斯於 2016 年 3 月在國外影片分享網站建立直播，進行 3 個小時的新品發售直播。今後，這種直播形式的應用會更加普遍。

第七章
超級 IP 養成：
像打造產品一樣打造網紅

7.1 網紅經濟迅速發展背後的原因

環境因素：社群媒體環境的快速迭代

2016 年，「網紅」一詞在各大媒體的傳播下迅速成為社會各界關注的焦點。網紅經濟的崛起，為處於經濟注入了新的活力，人們寄希望於以網紅經濟推動產業變革，創造更多的經濟成長點。

行動網路時代的網紅族群在數量及影響力方面都明顯增加，但在持續時間上似乎越來越短。早期的網紅，雖然走紅所需的時間相對較長，但他們被人們關注的時間也明顯比現在的網紅更長。如今，在我們甚至還沒有記住前一個「網紅」的名字時，取代他的網紅已經迅速崛起。

網紅的生產週期及持續時間為何會大幅度縮短呢？最為關鍵的是，行動網路時代為其提供了前所未有的發展空間，具體來說，就是社群媒體環境更新迭代的速度明顯加快。

雖然垂直類的社群媒體產品發展較快，但是其在用戶使用率及功能優化等方面，還有較大的提升空間。隨著遊戲、影片、電商、金融等領域的社群化，垂直社群產品的用戶規模及

忠實度將有較大程度的提升。可以預見的是，未來，垂直類的社群媒體產品將進入爆發式增長期，其蘊含的商業價值為許多企業帶來了巨大的想像空間。

雖然社群平臺仍然會在相當長一段時間內占據絕對優勢，但更加強調個性化的年輕一代，必定會推動大眾社群媒體時代向小眾化社群媒體時代轉變。這些垂直類的社群媒體產品，以人們的個性化及多元化需求為價值導向，這也決定了未來人們的網路生活將會更為細節化。

需求因素：個性化、小眾化圈子出現

隨著社群媒體產業的不斷發展，各種垂直領域的社群媒體產品不斷湧現，催生了許多基於某些特定興趣、愛好及個人追求等建立的個性化及小眾化圈子，人們的個性化需求得到更大程度的滿足。去中心化，強調自由、平等的設計風格讓人們更容易獲得存在感及參與感。

在這些小眾化圈子中，每個人的權利更容易得到尊重，人們之間的互動性會更強。每個圈子中，有才能的人都能自由展示。那些有創意、有特殊才能的人，會更容易獲得成功，這也激勵著社群中的其他人更加積極地創造優秀的作品。

所以，社群產品透過在功能上進行優化，來凸顯那些優秀的作品，會進一步提升人們參與訊息分享的熱情，這些訊息主要是人們的觀點、看法、作品等。當那條競爭激烈的明星路線走不通時，許多人藉助小眾化的圈子也能獲得成功。這種具有明確方向、有一定保障的方式，極大地激發了他們的參與熱情。

那些獨具風格、強調個性、好勝心強、不甘平庸的人會更為積極。垂直化的社群平臺為普通的消費者提供了更好的發揮空間，也讓那些網紅培訓公司可以透過較低的成本，培養出具有較高商業價值的網紅。於是，發掘並培養網紅，幫助網紅吸引粉絲，創建品牌，提供衍生產品及增值服務，從而完成價值變現的一條相對完善的網紅經濟產業鏈由此形成。

垂直社群產品的出現，極大地滿足了普通人發展興趣愛好的需求。當然，許多人使用垂直社群產品並非是出於成為網紅的目的，他們可能是為了滿足自己的興趣愛好、個性化需求而成為這些產品的用戶的。他們發現在這些平臺上，所有人都擁有平等的權利，都可以自由自在地參與知識分享，這種良好的氛圍讓人們在提升自己能力的同時，能夠不斷創作出更高水準的作品。

2014 年，垂直社群產品的崛起，為近年網紅經濟的爆發式成長打下了堅實的基礎。在社群媒體產業發展的過程中，必定會出現一些我們意料之外的事情，網紅可以說是現階段最為典型的代表，這些走上趨勢的網紅們也自然成為最直接的受益者。

7.2 自我修養：成爲超級網紅的關鍵

傳播內容：精準定位，打造極致產品

網紅想要從眾多競爭者中脫穎而出，必須關注以下 3 個方面：首先是輸出的訊息；其次是要關注針對的目標族群；最後，要注意透過什麼管道來傳播訊息，以及如何擴大自己的訊息覆蓋面，即如何吸引更多用戶的關注。

透過對網紅輸出的訊息內容進行分析不難看出，能夠獲得用戶關注的訊息，要麼切合新聞焦點，要麼能夠愉悅身心，又或者是娛樂資訊。這些訊息能夠吸引觀眾眼球的原因在哪裡呢？

隨著網路與行動網路的發展，各種訊息充斥著用戶的日常生活，同時，人們的生活節奏日益加快，技術發展日新月異，無論是訊息、技術、服務，還是商品，都處在快速革新狀態。企業為了維持自己的競爭地位，必須加快發展步伐，隨之而來的是排山倒海的壓力，身處在這樣的環境中，網路用戶自然會尋找發洩方法。因此，那些能夠平復用戶心情、排遣壓力的內容與產品，更容易吸引用戶的注意，成為人們關注的焦點。

通訊軟體平臺經常會推送用戶熱門話題，且更新速度很快，一般不會超過三天。分析這些資訊的內容可以看出，幾乎所有熱門話題都能激起大眾的興趣，也有助於排遣壓力。同時，這些話題能夠引起用戶之間的熱烈討論，成為人們共同的話題，新的話題推出時，他們的話題中心也會隨之遷移。如今，用戶的這種訊息消費特點愈加明顯。

此外，還有一個比較顯著的特點是，用戶透過社群平臺瀏覽的資訊有很大的差別，這些差別主要體現在訊息需求的類型上。

通常情況下，娛樂性較強的訊息更能吸引用戶的關注，絕大多數用戶都可以被劃分到這個層次中。這些用戶在訊息需求上的共性是，他們傾向於瀏覽那些輕鬆、幽默、無須動腦思考的內容，因為這些訊息能夠緩解壓力，使人們心情愉悅，很多用戶也會自發轉載這些話題。

隨著訊息傳播範圍的不斷擴大，其影響力也逐漸增大，最終成為全體用戶的關注焦點，進而帶給人們精神宣洩或情感上的共鳴，由此加速訊息在更大範圍內的傳播。因此，相比之下，娛樂性較強的訊息更能引人注目。

目標對象：族群定位，實現粉絲聚焦

絕大多數網紅是年輕人，他們經常使用專注於某一細分領域的社群平臺，對當今社會的流行事物很敏感。同時，他們還

經常使用年輕人才能理解的詞彙及表達方式，這些詞能夠使年輕的粉絲用戶產生認同感。另外，年輕人將網紅當作時尚潮流的風向指標，認為他們的行為習慣及做事風格是新潮作風，因而，網紅能夠抓住年輕人的需求點。

網紅輸出的訊息內容首先會在年輕粉絲族群中傳播，引起年輕用戶的關注，當其影響力到一定程度，傳播範圍會隨之擴大，使其他年齡段的用戶參與到話題討論中。

新興的專注於細分領域的社群平臺，都將年輕用戶族群作為自身產品的目標客群，關注這些產品的用戶也呈現出明顯的年輕化特點。這種類型的產品透過社群平臺進行傳播，用戶多為有共同興趣、口味的年輕人。年輕人在社群平臺上交流互動，將自己的觀點、看法與其他用戶進行分享，社群平臺從中篩選出品質高的內容，進行更大範圍的傳播，吸引更多用戶參與。一般來說，粉絲越積極、踴躍地發表觀點，平臺越頻繁地進行訊息傳播，用戶對平臺的依賴性就越強。

亞洲網路用戶大多集中在 20 到 30 歲的年齡。隨著發展，15 到 20 歲的用戶逐漸增多。如今的年輕人更加追求個性化，對內容的要求不斷提高，因此，要獲得年輕用戶的喜愛與追捧也越來越難，隨之而來的是對網紅的要求不斷提高。

傳播路徑：內容分發，吸引更多關注

當網紅輸出了品質較高、符合用戶需求的訊息，並透過社群平臺的應用獲得了大批粉絲用戶的支持，即意味著他擁有一定的實力，能夠成為這個圈子中的佼佼者。但這不代表從此以後他就可以坐享其成，因為要想獲得更大範圍的傳播，還要進行內容開發，增加粉絲族群的規模。

雖然說內容生產是基礎，但對於網紅而言，只有具備良好的管道分發能力，才能拓展其內容的傳播範圍。如果網紅的影響始終侷限在小圈子裡，之後的個人品牌打造、粉絲經濟變現也就無從談起。

在傳統模式裡，經過主流入口網站宣傳及推廣的資訊，很容易成為網路用戶討論的熱門話題，這些網站的作用如同之前的電視或廣播。然而，隨著網路的不斷發展，原本集中分布在一個領域內的用戶已經被沖散，用戶（尤其是年輕用戶）關注的細分領域不同，所處的社群圈子也各不相同。

同時，隨著市場競爭的加劇，各個細分領域的媒介紛紛展開自己的社群平臺經營，它們在爭奪粉絲用戶的過程中，逐漸建立成獨立經營的完整服務體系。因此，各個平臺之間的連繫非常少，也不存在訊息共享與合作。

因此，透過某個平臺發布的訊息，通常只會對活躍於該平臺上的用戶產生影響。當然，如果訊息能夠引起用戶的廣泛

認同，並促使他們自發轉載，分享到應用更加普及的社群平臺上，也可能達到大範圍傳播的目的，但這種情況畢竟只是少數。而且，僅透過單個平臺的推廣，很難實現。相比之下，若能將訊息內容進行多通路分發，擴大用戶的訊息接觸面，吸引更多用戶的注意，就更容易在短時間內點燃粉絲用戶的熱情，獲得更多人的支持。但這個過程中涉及的因素有很多，也不排除訊息雖然在多個通路分發，仍然得不到廣泛關注的情況。

分析近兩年各個領域網紅的內容傳播方式可知，話題傳播通路，影片傳播通路，以共同興趣為核心的社群平臺，使眾多原創訊息生產者脫穎而出成為網紅。這些平臺有一個共同的特點，就是其用戶都以年輕人為主體，這些年輕用戶族群同時也是社群媒體的應用者。

從表面上來看，一些人是在短時間內迅速竄紅的，但事實上，不少網紅是經歷了很長時間的累積才集中爆發影響力的。他們發展之初，也是在小圈子裡圈粉，傳播範圍並不大，推廣力度也十分有限。這個階段他們會持續發布優質內容，獲得更多粉絲用戶的關注。經過內容分發後，其粉絲規模進一步擴大，影響力進一步提升。

2016 年 4 月，小 p 的廣告賣到 2,200 萬元，可見其影響力之大。但其實，小 p 在走紅之前，也經歷了長時間的累積階段。她一開始透過發布影片內容，但其呈現形式沒有鮮明的個人特點，所以關注的用戶較少。

後來，小 p 用不同管道進行內容分發，同時逐漸完善自己的表達形式，在集中於時下熱門話題的同時，將聲音做了進一步處理，使得整個影片的節奏、特徵更加明顯，吸引的粉絲也越來越多。就這樣，其內容經過社群平臺傳播為用戶所知，並聚集了大批粉絲。

由此可見，其基本營運邏輯是：生產高品質內容，進行多通路分發，擴大傳播範圍，形成傳播點，進一步提高影響力。

大眾社群媒體確實能夠造成巨大的推動作用，但相對於其他垂直社群平臺，透過大眾社群媒體走紅的難度要更大。原因有兩點：一是需要經過長時間的醞釀；二是製造傳播點的難度不斷提高。在行動網路時代，用戶對訊息的接受能力不斷提高，要獲得大量粉絲的關注並不容易。因此，內容生產者需要在內容本身及其呈現形式上下更大的工夫，才有可能獲得廣泛傳播。

今後，以年輕人為主要用戶族群的社群平臺將得到進一步發展，屆時，與社群平臺密切相關的網紅經濟也會逐漸進入穩定狀態，而網紅的內容分發通路也會不斷向外延伸。很多網紅的發展道路都是有規律可循的，剛開始時利用垂直社群平臺推出自己的作品，以內容吸引小圈子內的粉絲，之後再擴大傳播範圍，同時改進自己的內容輸出，最終透過大眾社群平臺打造屬於自己的品牌。

不過，依照目前的發展狀況，還無法準確地預知網紅經濟未來的發展走勢。網紅需要做的就是，盡可能地維持並提高自己的競爭地位，順應潮流，透過多種通路進行內容推廣，增強自身發展的持續性。

7.3 個人IP：網紅在線上直播時代的成長之路

直播：個人影響力變現的最佳管道

另一個引起人們廣泛關注的是直播產業。這個以電競業為基礎的領域，在 2016 年開始全面布局行動化和泛娛樂化產業，展現出巨大的商業價值，吸引了更多的參與者。

同時，各方參與者也下足了工夫進行直播內容的生產。直播產業的參與者投入巨資簽約網紅和明星，積極進行內容生產，以培育更多用戶，拓展產業市場空間。

綜合起來分析，可以發現 2015 年快速崛起並受到廣泛關注的網紅產業，在 2016 年實現了更快更好的發展：網紅從特例化、小規模，發展為具有更大價值的規模性產業；個人 IP 價值將藉助直播等多元化方式實現指數化增長；網紅的變現模式也從單一的秀場轉變為「秀場 + 知識 + 社群」的方式。

總體來看，直播特別是行動直播時代的到來，使網紅擺脫了以往中心化平臺的變現方式，個人能夠透過直播平臺實現更

加快速、便捷的影響力變現。

不過，近期直播平臺瘋狂燒錢、野蠻擴張的現象也引起了業內人士的憂慮。以及 2016 年 3 月曾熱門一時的美國同類網站 Meerkat 主動放棄直播業務，更是引發了人們對直播產業長遠發展的擔憂。不過，諸多問題雖然會制約、延緩直播平臺的發展，但並不能阻礙直播產業崛起的步伐；而且，有效解決發展過程中的問題，也有利於直播產業的長期健康發展。

消費不對稱、優質內容匱乏等是國外媒體從業者不看好直播產業的重要原因，而根據亞洲直播的具體情況，當前直播平臺發展的主要制約因素包括以下 4 個方面。

圖 7-2　制約直播產業發展的主要問題

一、政府管制問題

直播平臺為了有效吸引流量，常會在 UGC 內容上對色情、暴力、賭博等觸碰法律紅線的行為睜隻眼閉隻眼，導致政府進行干預、管制甚至懲處。

二、產業畸形發展問題

VC（Venture Capital，創投）盲目投資追捧，「跑馬圈地」式的惡性競爭使直播產業畸形發展。大量資本的湧入很容易吸引更多的參與者，使原本需要長時間營運累積和培養用戶的直播產業被迅速催熟，由此造成了參與者「燒錢」式的惡性競爭和產業的虛假繁榮，這顯然不利於直播產業的長遠發展。正如前兩年十分熱門的團購產業，在經過大量燒錢的「繁榮」之後，仍然沒能探索出有效的創造收入路徑。

三、內容和產品同質化問題

從當前來看，直播平臺在直播界面、產品內容、功能架構、盈利模式等方面都高度一致，內容類別也多以「秀場（美女）+ 其他類別」的形式為主，缺乏差異化內容。同質化的內容和產品不僅加劇了競爭，也不利於直播產業的長久發展。

四、優質內容匱乏問題

當前直播特別是秀場模式的 UGC，多是消磨無聊時間的劣質內容，難以長久吸引和黏住用戶。而從文字到直播，UGC 內容創造的門檻顯然越來越高，這導致當前直播產業在優質內容方面十分匱乏。

上述因素都可能成為制約直播產業發展的瓶頸，造成大量參與者被淘汰。然而，這些因素並非只存在於直播產業，基本上網路的各個產業都會遇到，如影片、社群等。

行動化、社群化的背景下，再加上快速崛起的網紅產業的助推，以及特有的網路使用者族群文化，亞洲直播平臺有可能發展出比國外直播產業更多的產品形態，成為個人影響力變現

的最佳通路，其發展前景也會超過人們的預期。

主播：低門檻下的個人 IP 化

直播平臺最大的特質是 UGC，即由個人（主播）為用戶創造和提供內容，主播在平臺上建設並維護自己的個人形象，與粉絲進行即時互動。與傳統平臺相比，直播平臺大大降低了個人 IP 化的門檻，並能夠藉助平臺機制進行個人影響力的快速變現。

個人化的 IP 早已出現，並展現了巨大的價值創造能力。個人在成長為 IP 後，他們開創的新業務既容易獲得媒體和資本的認可，也容易聚合起大量粉絲用戶，打造流暢快速的變現通路。

網路的深度發展加快了個人 IP 化進程，提供了更加多元的 IP 化通路和變現方式。並透過電商平臺、影片網站等不同的通路完成了變現。

不過，個人 IP 化仍是小範圍、小族群的專利，還沒能真正走向大眾。平臺的限制導致個人 IP 化發展緩慢，主要表現在：

平臺營運機制導致個人 IP 化的門檻提高；

個人化 IP 缺乏順暢高效的變現通路；

IP 化的個人與粉絲缺乏通暢有效的交互溝通平臺，影響了粉絲忠誠度的提升。直播平臺的大眾化、快速變現、即時互動特質為上述難題提供了有效解決方案，推動了以主播為代表的個人 IP 化的規模化、批量化發展。

(1) 直播降低了個人IP化的門檻

以往，由於內容製作的門檻較高，個人 IP 必須經過長時間的累積並有意為之，才能打造出來。

從網紅的發展歷程來看，第一代網紅憑藉的是深厚的文學功底；圖片時代的網紅依靠的是吸引眼球的美女圖片；寬頻時代則憑藉備受追捧的創意性優質影片內容而成功突圍。雖然不同階段個人 IP 化的模式不同，但這些 IP 化的個人都是擁有較強專業內容創造能力，或者背後擁有專業營運團隊的少數人。

與此不同，直播平臺大大降低了內容生產的門檻。不需要專業化的知識、技能或剪輯拼接能力，直播平臺上的內容可以隨手創造。當然，若要在眾多主播中成功突圍，仍然離不開內容方面的深耕細作；但如果只是想獲取小範圍的影響力，直播形式無疑是個人 IP 化的最好方式。

雖然容貌、聲音等因素在直播平臺上依然發揮著效用，但很多有特點的個人也能藉助直播平臺快速擴散影響力，即便他們無法將知名度擴展到更大的範圍，也至少會成為直播平臺上某個圈子裡的達人，並聚合起一批支持者。這些直播平臺上的達人也許沒有特別出眾的相貌，但卻代表著圈內的粉絲族群，贏得了粉絲的心理認同。

對於粉絲來說，重要的不是主播所講的具體內容，而是內容能否與主播的個人特質相契合，能否真正滿足「我」的心理訴

求，從而使以往只能「遠觀」的影響力，變成「我」的代言人。同時，粉絲透過贊助、點讚、互動評論等方式，幫助主播擴散知名度和影響力，在主播成長過程中扮演著重要的角色。

在明星與粉絲互動方面，日本大型女子偶像組合 AKB48 無疑是最成功案例。透過「臺上表演、臺下觀看、臺下反饋決定臺上演出」的交互傳播機制，粉絲見證和參與到了偶像出道、成長、爆紅的過程中，並在很大程度上決定了偶像的成長路徑和成長高度。

AKB48 的互動養成模式，創造了一種全新的偶像培育和成長路徑，能夠獲得粉絲更深度和更長久的認同。如在 AKB48 總選舉期間，亞洲粉絲在極短的時間裡籌集到 180 萬元的費用。直播網站與 AKB48 的偶像養成模式十分相似，而且門檻更低：粉絲決定主播的收入，並幫助主播進入排行榜；主播則對粉絲的贊助、點讚等行為即時感謝，與粉絲即時互動，並根據粉絲要求進行相應的表演。因此，直播平臺超強的即時互動功能為主播和粉絲提供了便捷、順暢的溝通通路。

(2) IP化個人的變現通路更通暢

在電子競技領域發展起來的直播與秀場密不可分，秀場模式也成為直播的主要形態。直播平臺上的用戶贊助機制成為主播個人影響力變現的高效通路；平臺上的即時互動功能使主播能夠獲得更多的即時訊息，從而根據粉絲贊助情況、觀眾數量等判斷自身或直播內容的受歡迎程度。

與尚未成熟的社群媒體平臺的贊助機制相比，直播平臺個人化 IP 的贊助機制已相對完善，一場直播收入成千上萬元並不少見。比如，曾經在電競領域具影響力的人物，一場直播的贊助收入甚至能夠達到上百萬元。

(3) IP化個人的粉絲基礎更強大

傳統個人化 IP 缺乏有效的互動溝通通路，阻礙了偶像與粉絲的長久、深度互動，造成個人化 IP 粉絲基礎薄弱，制約了 IP 化個人品牌的發展。

與此不同，直播的即時互動機制強化了用戶贊助行為，很多粉絲不惜花費重金獲得主播的關注、特權或者連麥交流。主播獲得了更多的粉絲變現價值，而粉絲也藉此與偶像實現了近距離的親密接觸和互動。

其實，具體的贊助與受賞過程並不重要，關鍵是直播平臺藉此為粉絲和偶像打造了一個即時互動的平臺，從而既滿足了粉絲「近觀」偶像的心理訴求，又增強了主播的粉絲基礎，為 IP 化個人影響力變現提供了有利條件。

與以往個人化的 IP 不同，主播多是與粉絲關係緊密、能夠代表粉絲的普通人，直播內容也多是更加隨意的生活化場景。這不僅使凸顯了主播的個人特質，也使直播內容更加豐富多元，從而能夠長久有效地吸引和黏住更多粉絲。

變現：全新內容生產方式的必然結果

(1) 直播是全新的內容生產方式

與傳統文字、圖片和影片等的內容生產相比，直播平臺是一種全新的內容生產方式，大大降低了內容生產的門檻。同時，即時互動功能也增強了直播內容與用戶需求的契合性。

傳統的內容生產模式是標準化、精細化的生產線作業，即首先從多個角度拍攝大量內容，之後藉助後期的剪輯拼接為用戶呈現出精緻作品。這種模式不僅門檻高、耗時長，也很難根據市場變化及時優化調整。

例如，很多電視劇都是全部拍攝完成後再推向市場，很難根據觀眾的反饋對後續情節進行相應的調整，即便想這樣做，對於很多團隊而言也是十分困難的。這就是邊拍邊播的電視劇製作模式難以大規模推廣的原因。

與此不同，直播不需要花費大量的時間進行拍攝和剪輯拼接，只要一臺電腦或一部手機就可以隨時隨地進行直播。直播的內容既可以是以往的精細化作品，也可以是旅行、脫口秀、技能展示，甚至是簡單的隨意聊天。

這使得每個人都可以成為主播，成為直播平臺的內容生產者。而且，多元的直播內容使再小眾的內容需求都能夠在直播平臺上得到滿足；同樣，任何小眾內容都能夠在直播平臺上呈現並獲得支持者。

若是排除平臺為管制而設置的滯後時間，主播的每一次直播都是即時的，具有極高的時效性和傳播速度。主播可以基於最新發生的熱門事件訂製內容主題，並在緊急事件發生後立即進行內容生產和輸出。

例如，國外某酒店發生民眾遇襲事件當天，便有人到事發酒店進行了直播，這比傳統電視媒體的介入時間早了近一天。因此，直播的低門檻和全新的內容生產方式，讓每個人都可能成為主播，成為重大事件的記錄者。

雖然直播的內容生產方式，與當前備受青睞的眾包和分享經濟模式不同，但它們都注重對個人價值的挖掘和發揮，並透過不斷累積形成新的勢能。簡單地講，就是每個人都是內容的消費者，同時又是內容的生產者。人人都是主播，人人也都是觀眾。

直播平臺強大的即時互動功能，使內容生產與用戶需求有著更高的契合度，按用戶需求進行內容的訂製化生產成為可能。主播可以基於自身特質尋求合適的受眾，從而能夠更容易、更便捷的按需求訂製內容。直播過程中的即時交流互動，使主播能夠隨時精準掌握受眾的需求變化，從而及時進行內容更迭和調整；在「問 —— 答」的即時互動中，雖然直播內容會因粉絲需求偏離原規劃，但深度互動會產生更多「火花」，從而使每個參與的用戶都成為某種程度上的內容生產者。

另外，除了更低的門檻和更高的需求契合度，直播的內容生產方式也更加大眾化，容易被用戶接受和認同。很多時候，直播的內容並非越專業越有價值就越好，主播的臨場表現也是能否獲得用戶青睞的關鍵因素。

(2) 直播可以實現快速且高效的變現

對於 IP 化的個人或企業來說，變現獲利才是他們的最終目的，VC 追捧也多是看重他們現在或將來的創造收入能力，因此缺乏有效變現路徑的 IP 是沒有任何商業價值可言的。當前很多影片媒體從廣告模式轉向會員模式，就是為了打造更有效的變現路徑。

直播秀場模式創造了 IP 變現的新路徑：與直播平臺簽約能使處於金字塔頂層的著名網紅獲得巨額收益，如電競網紅 3 年 1 億元的簽約；底層數量龐大的主播族群則主要透過直播平臺的贊助機制實現快速高效的價值變現，且這一變現結果也更多取決於主播自身的影響力。

從深層來看，網紅的價值不僅在於流量，更在於其對粉絲強大的心理喚醒能力。即在直播中，網紅透過獨特的個人展示引發粉絲的認同和共鳴，讓粉絲將自身代入主播的角色，從而在潛意識中認為對主播的贊助就是對自我的肯定。這就是很多瘋狂粉絲不吝贊助的深層心理機制。

(3) 直播是滿足年輕用戶需求的更優解決方案

馬斯洛（Abraham Maslow）將人的需求從低到高劃分為 5 個層次。對於和網路一起成長起來的年輕族群而言，最基本的生理與安全需求早已不成問題，他們更看重的是愛、歸屬、尊重、自我實現等更高層次的訴求（如圖 7-3 所示）。

面對年輕用戶的深層社群心理需求，直播無疑是最直接、最有效的問題解決方案。特別是聲音、文字、圖像等多形態的即時交流反饋，以及直播平臺上的各種激勵機制，更是充分滿足了年輕用戶的心理訴求。

同時，直播平臺的即時互動機制也契合了網路即時化、行動化的社群發展態勢：從最初的 BBS、部落格，到影片、直播，再加上行動網路時代的到來，都表明線上社群形態在向著即時、便捷、行動、高效的方向發展。

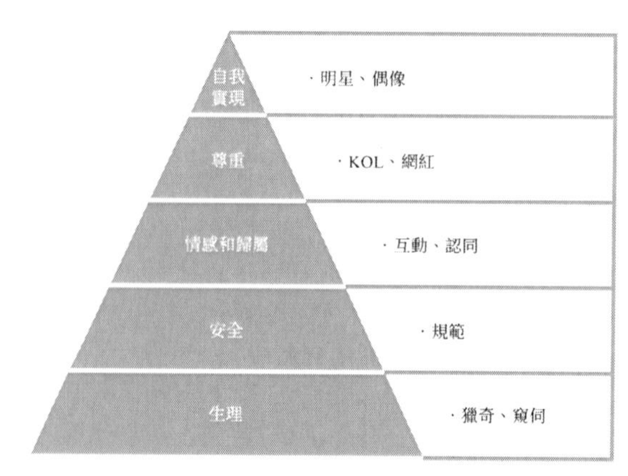

圖 7-3　直播背後的「馬斯洛需求」

直播也是消磨無聊時間的最佳解決方案。具有高度互動性的即時直播平臺能夠充分激發用戶的參與意願，用戶可以在直播平臺上選擇自己喜歡的主播進行互動，透過送禮物或贊助的方式讓主播向自己表達謝意等。可以預見的是，會有越來越多的人選擇直播平臺作為打發無聊時間的通路。

另外，直播還滿足了用戶獵奇、窺伺等心理需求，為那些想要窺伺他人生活的人們提供了一個光明正大的通路。

(4) 企業與直播平臺發生關係的最佳時機

與普通內容平臺相比，直播平臺的一大特點是主播對平臺流量有重要影響。因為對於觀眾來說，他們觀看和追逐的是主播，平臺只是一個通路和載體。

在直播領域，用戶是跟隨主播的，主播在哪個平臺，粉絲就會聚合到哪個平臺。當用戶聚合到這一平臺後，又會不斷吸引同類主播進入該平臺，從而形成平臺的特有屬性。如此，平臺與主播互動增強、相輔相成，打造出品牌特色。

一、直播平臺激烈的競爭以及變現壓力

經過 2015 年的大規模融資，2016 年直播平臺在繼續高速發展的同時，也面臨著更加激烈的競爭和變現壓力。那些後續發展乏力、變現困難的直播平臺，將逐漸被資本市場所拋棄。特別是在企業發力布局直播領域的情況下，直播平臺需要更多的

資本來「跑馬圈地」，也需要探索更加快速、高效的變現路徑，這為企業與直播平臺建立合作提供了契機。

二、直播平臺泛娛樂化的業務拓展需求

從當前來看，直播平臺的內容主要是遊戲電競和美女直播，高度同質化的內容不僅無法體現直播平臺在知識傳遞方面的價值，也影響了平臺的差異化發展和融資，不利於直播產業的長遠健康發展。

基於此，很多直播平臺已經開始進行泛平臺化策略布局：比如推出戶外、體育和動漫頻道，或者在娛樂、音樂等方面進行了布局。由於泛娛樂化策略對內容提出了更高的要求，因此內容輸出企業將與直播平臺發生更加緊密的連繫。

三、與主播建立連繫的時機

企業與直播平臺的合作，離不開與主播建立有效的連繫。作為直播平臺的最重要資源，企業只有與主播達成深度關聯，才能藉助主播的影響力塑造品牌形象，獲得更多品牌溢價。這與眾多品牌熱衷於明星代言的內在邏輯是一致的：將品牌與明星連繫起來，使粉絲基於對明星的信任和喜愛對品牌產生良好印象，從而實現品牌形象的塑造和影響力的擴散。

企業與主播的合作也是如此，藉助品牌與主播的深度關聯，將主播粉絲逐漸轉化為品牌粉絲。同時，在當前大量主播進入平臺的情況下，很多主播的影響力還沒有達到個人 IP 化的

階段，主播本身也具有強烈的自我傳播訴求。此時企業與主播建立合作關係是比較容易的，也符合雙方訴求；同時，若主播成長為個人化的 IP，此時的合作也將為後續的合作奠定基礎。

例如，PUMA 曾以每年 150 萬美元的價格與博爾特（Usain Bolt）簽下了 6 年的代言合約，因此在博爾特成長為個人化 IP 後，PUMA 打敗了出價更高的 NIKE，以每年 900 萬美元的價格成功續約。

雖然對主播長期投入並非就能獲得最佳回報，但在主播成長初期就與其進行合作，無疑是最具性價比的一種形式。特別是當主播成長為個人化 IP 時，初期合作的價值回報將更加巨大，這在內容性合作方面更為明顯。

電子書購買

爽讀 APP

國家圖書館出版品預行編目資料

流量密碼解密，成為頂尖網紅創作者的成功經營法則：解鎖網紅經濟中的成功祕訣，在自媒體時代打造你的商業帝國 / 王先明，陳建英 著 . -- 第一版 . -- 臺北市：財經錢線文化事業有限公司 , 2024.06

面；　公分

POD 版

ISBN 978-957-680-907-1(平裝)

1.CST: 網路行銷 2.CST: 成功法

496　　113008237

流量密碼解密，成為頂尖網紅創作者的成功經營法則：解鎖網紅經濟中的成功祕訣，在自媒體時代打造你的商業帝國

臉書

作　　者：王先明，陳建英

發 行 人：黃振庭

出 版 者：財經錢線文化事業有限公司

發 行 者：財經錢線文化事業有限公司

E-mail：sonbookservice@gmail.com

粉 絲 頁：https://www.facebook.com/sonbookss/

網　　址：https://sonbook.net/

地　　址：台北市中正區重慶南路一段 61 號八樓

8F., No.61, Sec. 1, Chongqing S. Rd., Zhongzheng Dist., Taipei City 100, Taiwan

電　　話：(02) 2370-3310　　傳　　真：(02) 2388-1990

印　　刷：京峯數位服務有限公司

律師顧問：廣華律師事務所 張珮琦律師

定　　價：350 元

發行日期：2024 年 06 月第一版

◎本書以 POD 印製

Design Assets from Freepik.com